大是文化

老實上班，你會憂鬱到睡不著

成功人士說不出口的「**變優秀**」方法，
讓你輕鬆面對每個工作天

從上班族到漫畫家、
粉絲追蹤破30萬人
樹液太郎——著
方嘉鈴——譯

正直、仕事のこと
考えると憂鬱すぎて眠れない

CONTENTS

第2章

什麼，這些也算是我的工作？

CONTENTS

第3章

朝九晚五準時下班，原來只是都市傳說

CONTENTS

第4章

「現在不是上班時間」這句話很難開口

第5章 為什麼我們一定要工作？

CONTENTS

第6章 當了自由工作者之後，才知道的事

推薦序一

學會職場學，才能不踩雷

S風格社群工作室創辦人／S編

厭倦了打卡上下班的生活，每天一睜開眼就是天人交戰的掙扎時刻，一到公司就渾身提不起勁，一想到開不完的馬拉松會議、交不完的報告、追不上的KPI（按：Key Performance Indicators，關鍵績效指標），還有那些應付不完的交際應酬與職場人際關係，每每看到同事和主管臉色，就萌生了想要離職的念頭。

以上這段描述，相信翻開這本書的你九〇%都被我說中了，對吧？因為我也曾經在職場上遇過這些情形，可怕的事實是，我從墨西哥到西班牙再回到臺灣，這八年多之間，我換過無數個工作，遇過各種來自不同國家、不同文化的同事和上級機關，最後我發現，每一間公司都有機會遇到同樣的問題！

在經營「S編的風格思維圈」這個IG帳號時，也不乏收到粉絲來訊詢問：是不是離職就能解決一切問題？但事實證明，我們不會因為換了一家公司，就能即刻擺脫所有的職場問題，一味的逃避或是換工作，沒有辦法解決難題。

我也經常在直播裡和講座中提到，不管企業規模大小，或是公司文化再開放、再明理，只要過了前面的甜蜜期，人還是會感到厭煩或憂鬱。為什麼？因為大多數的職場問題都是來自於人際。

我過去在墨西哥，以及上一份工作在時尚媒體業擔任社群行銷時，工時不是一般人所能想像的長，甚至連休假日都必須隨時待命上陣。假日陪老闆應酬、半夜被挖起來發社群新聞、一整天跑活動都沒吃東西也沒時間喝水，做事做得要死要活，還得被公司和老闆質疑沒在工作，這些都是常態！

面對這樣的情況，光靠熱情，無法在這個產業裡撐下去，你必須學習一般人常忽略的「職場學」，才能夠真正的避開地雷，往對的方向一路順遂前進，而這些學問，通通都藏在作者的字裡行間。

我發現在臺灣，我們和主管、老闆基本上都是上對下的垂直溝通關係，多數臺灣基層員工都是長期處於被檢視的狀態，而通常我們也無從選擇，更別說是去改變整體氛圍或文化。因此，只能夠從自身的心態去調整，好讓自己能夠適應千變萬化的萬惡職場環境。

我閱讀這本書時，實在心有戚戚焉！幾乎每一種令人心煩的工作煩惱和狀況我都遇過，作者不只點出了許多在工作上一定會遇到的幾種情境劇，並提出各種調適心態的辦法，最有趣的是，還將這些小劇場畫成四格漫畫，將職場上那些令人想翻桌的各種情形，以詼諧可愛的方式呈現於書中。

現在的我雖然已經擺脫公司體制，並成立自己的個人工作室，不過在細細閱讀的同時，也不禁開始去思考，接下來成立團隊時，應該要如何打造優良的職場氛圍和環境。

如果你也開始覺得上班對你來說就是一種煉獄般的折磨，不妨來翻翻這本書，相信一定很快就能夠找到，那些真正讓你不快樂的原因出在哪裡。祝福大家都可以從這本書中找到屬於自己的解藥良方。

推薦序二

可愛插畫與細膩觀察，集成一本幽默詼諧職場指南

BetweenGos 職場才女／Grace

「同事超愛推工作怎麼辦？」

「新進同事反應好快，有點受到威脅……。」

「老闆總愛在快下班時才找我們開會，好煩喔！」

「主管情緒管理很差，每天都像在玩踩地雷，不知道他什麼時候會爆炸！」

「每天都這麼努力工作，主管卻好像都沒看到我的價值……。」

以上都是我們職場社群（BetweenGos職場才女）中時常會收到的實際職場問題，你也有遇過嗎？

待過職場的人一定都曾萌生過「明天好不想上班」的念頭，但我們可能沒有深入探究背後的原因。抽絲剝繭之後，你會發現，很多時候工作的壓力來源，常常不是來自工作本身，而是來自職場上的人際關係。

本書作者樹液太郎原本是位日本上班族，二〇一六年開始在推特（twitter）上發布四格漫畫〈軟萌昆蟲圖鑑〉，描繪蟲蟲們的慢活日常，沒想到就這樣成了追蹤數破十七萬的超人氣帳號，現在則是一位自由接案的插畫家。

大家應該可以想像，日本職場是多麼的拘謹及重視長幼有序，光用想的就覺得壓力山大！作者根據自身的職場經歷，從上班族到自由工作者，每個階段都遇到不同的大小問題，配上筆下的蟲蟲們，出演上班族最真實的無奈厭世日常，讓人一邊讀一邊了解日本職場文化，又一邊覺得好療癒！心裡不免覺得，如果這招在日本職場有效，那也一定可以用在臺灣。

另外，若你有想過未來成為自由工作者，本書最後一章也有一些小故事，讓你可以一窺自由工作者的面貌，提早做好準備！

輕鬆好讀的文字、可愛的插畫和細膩的第一人稱觀察視角，集結成一本幽默詼諧的職場人際關係指南（蟲蟲版）。每篇篇幅都不長，很適合在睡前或飯後等零碎時間閱讀，在閱讀的當下，都會得到一種「有人懂我」的撫慰感。更棒的是，每章後面都有指南可以刺激我們思考。是一本沒有壓力又可以輕鬆學習的書。

如果你現在正好面臨工作上的問題、關卡，希望有良好的人際關係、在職場上獲得更多的關注和成功，那就趕快繼續讀下去，讓可愛的蟲蟲們來協助你吧！

推薦序三

職場生存，你需要「街頭智慧」式的理解！

人資小週末專業社群創辦人／盧世安

身為人資工作者，有一次在執行一個人才晉升高階會議時，同一個晉升位置有兩位候選人在競逐，與會的主管們討論了很久，一直沒有定論。

這時，主持會議的總經理突然拋出了一句話：「你們認為這兩位候選人哪一位的『街頭智慧』較豐富？」主管們聽到這句話瞬間安靜下來。過了一會兒，總經理再次詢問大家的意見，這時大家無異議的一致挑選了同一位候選人。

街頭智慧，這個有些難登大雅之堂的名詞，卻在重要的晉升會議中，起到了決定性的影響力。這是我第一次體會到街頭智慧，對一個人在職場上的發展，竟有這麼大的重要性，也使我對街頭智慧產生了莫大的興趣。

我們有時候會說一個人做事不接地氣，從另一個角度而言，其實也可以說是這個人缺乏街頭智慧。街頭智慧這個非正式名詞，也許有許多不同的詮釋與涵義，但我認為最大的公約數，也許就是對外在環境與內在人性，兩者連結的深度洞察與機巧的應對。

這本由日本插畫家樹液太郎所寫的新書《老實上班，你會憂鬱到睡不著》，就是一本陳述職場環境與工作者人性，兩者間幽暗困惑的一種職場式街頭智慧。

作者以簡練的文字與洗鍊的插圖，透過不同職場情境，來述說他略帶喜感的職場人生閱歷，可說是妙語如珠。但我想特別跟大家說的是，作者其實並非在書中提供什麼職場情境的對應密技，毋寧是希望提供給讀者們對於許多職場情境，一種了然後的平靜與淡然。

在職場越久，我們就越會了解，許多的職場情境其實不太容易改變，也許這種平靜與淡然，是我們面對有時顯得荒謬又無序的職場時，一種精神上重要的防衛機制，這也是我想推薦這本書給大家的主因。

前言
一想到明天要上班，我就整晚睡不著

「明天真不想上班啊……。」每個晚上我總是在被窩中這麼想。

相信會拿起本書的你，應該或多或少都曾跟我一樣，有「一想到明天早上要上班，就整晚都睡不著覺」的經驗吧！

本書內容盡是一些工作中瑣碎細小的困擾，就算被別人說：「不要為了這種小事而煩惱！」也一點都不奇怪，但是為了幫助大家能以較輕鬆的方式，來面對這些小困擾，我把我的解決方案寫了下來，在書中與大家分享。

雖然我現在是插畫家，也在社群平臺上，發表以昆蟲為主題的四格漫畫與插畫，但是一直到數年前，我每天都為無法適應工作與融入職場氛圍，而煩惱得不得了。

但我既不是傑出的管理階級，也不是優秀的商務人士，所以無法告訴大家「三天內就能做出成果的工作術」，或是「無論誰都會喜歡上你的說話技巧」等。如果本書能讓你稍微笑一笑、並因此減輕一些煩惱就好，又或者能讓你產生一點點活力，來面對明天的工作，那就太棒了！

工蟻
負責打理蟻穴、照顧幼蟲，採集食物的螞蟻。
工蟻還真是辛苦呢！
昆蟲
糟糕！不能再沉迷圖鑑了，再不開始工作的話……
樹液太郎
當時24歲（正職員工）
擁有堆高機駕駛執照
如果拿我和工蟻相比，誰比較辛苦？
從早到晚都在工作、
幾乎沒有休假、
但是不工作，
就活不下去……
欸？

難道
我也是……
工蟻？

第 1 章

比起工作，更令人痛苦的是人際關係

1

到處都有不對盤的人

不論是在學校、打工地點、或在職場等任何地方，都會有跟自己不對盤的人。例如，他們總是把工作都丟給別人、完全不聽別人說話，自顧自的說著自己想說的、為了一點小事就發飆，此外，還有各式各樣的奇葩，為了各種五花八門的理由，而踩到你的地雷。

我也曾經有過跟不對盤的人一起共事的經驗：對方不僅相當強勢，又有許多讓人不明所以的雷點，讓我整天工作時總是提心吊膽的，深怕一不小心就會踩到地雷，只好在「好討厭那個人啊！」的高度壓力中，度過每一天。

過了一陣子之後，我覺得不能再這樣繼續下去，決定鼓起勇氣向對方搭話，結果竟然被吼：「現在是說這個的時候嗎！」我一陣驚慌，馬上躲回座位上大口深呼吸，藉以平復自己驚嚇、沮喪的情緒。從這次之後，我有好一陣子都會盡量避開那個傢伙。

後來又過了幾個月，我手上接獲一份非得請他協助確認的文件，這讓我從一大早就處於憂鬱的情緒中。我只能一邊遠遠的觀察對方，猜測他的空閒時間，然後當他把電腦螢幕切換成新聞網站的剎那，我馬上拜託他：「這份文件要麻煩您協助確認一下！」意外的，我竟然沒有被他痛罵，他很平和的說：「好喔！」那一瞬間我覺得他好像也滿溫柔的，沒那麼可怕。

之後，我悄悄的觀察他，發現他在中午前會特別忙碌，此時也會開啟「不要找我說話」的防護罩，只要有人在這個時候試圖入侵防護罩，都會引爆他那爆炸般的怒火。有了這點觀察，我也在心中牢牢的記著：「如果不是非常急件，盡可能在下午他比較空閒的時候，再找他說話。」

掌握了這個訣竅後，我再也沒有被他噴過，甚至還被他稱讚：「你是新人之中最好溝通的人呢！」並且在後來，就算我不得不在中午前去找他幫忙，我也找到了不被怒火牽連的應對方式。

遇到不對盤的人，首先記得拉開距離，再遠遠的觀察對方。只要用心觀察，就會了解對方目前的情緒，接著，再選個對方心情不錯的時機，與他搭話。通常只要一開始的切入點正確，之後溝通起來就會意外的順利。

最後切記，對不熟的人，別為了想和對方打好關係，就急著拉近雙方距離。先試著仔細觀察，找出和對方溝通的方法與時機點吧！

／不老實上班指南／

不要輕率接近和自己不對盤的人，先試著好好觀察。

2

我這種菜鳥，可以跟同事說「不」嗎？

在我過去的職場裡，有一位比我年長一歲、待人十分親切的前輩。他總是滿臉笑容的對待我和周圍的其他後輩，就連在指導我們工作方法時，也不曾露出厭惡的表情，所以他曾是我最尊重的前輩之一。

讓人意外的是，這位前輩在公司的風評不太好，一開始我非常不能理解，待人親切的前輩，為何風評不是很好。

直到工作了半年後，我才漸漸明白。這位前輩因為親切又容易被人占便宜，讓他無法拒絕任何人的請求，以至於自己身上扛了大量雜務，例如打掃或文書整理等。

所有原先不屬於他的工作業務，全都被推到他身上，導致無法專注在自己必須完成的工作，反而被貼上了工作績效不佳的評價。最後在工作量遽增與加班異常變多的情形下，這位前輩終究選擇了離職。

這麼溫柔友善的人竟然落得如此下場，我感到萬分遺憾，但也從中學習到，太過輕易的接受別人的請求，是一件很危險的事。如果自身的工作量已經多到超過負荷時，就算是菜鳥，也得果斷對他人說不，先保護好自己，也是一件很重要的事。

／不老實上班指南／

當自身工作量已經超過負荷，果斷對他人說不。

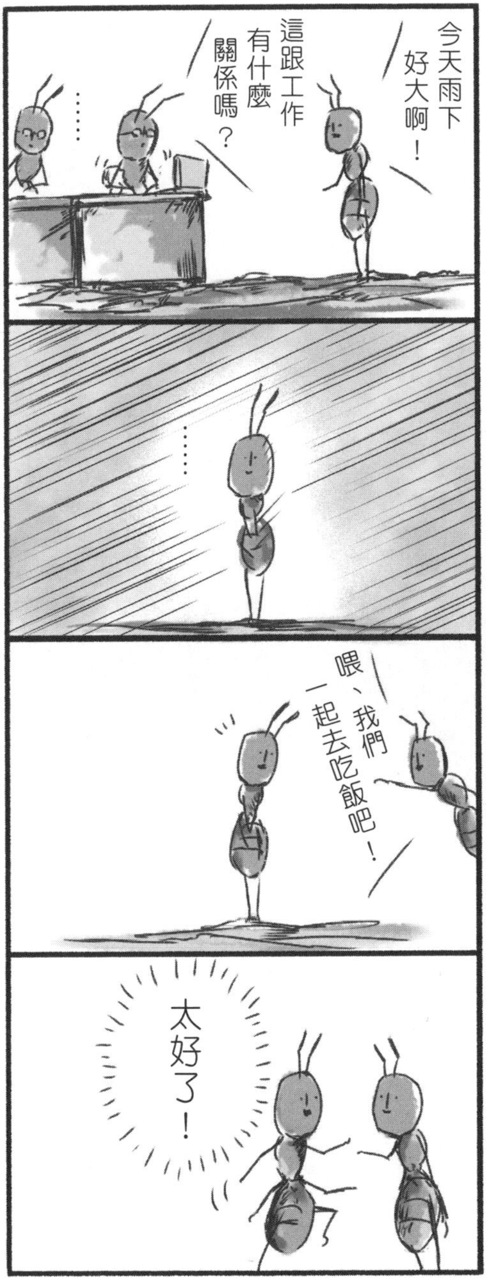

3

職場氛圍是什麼，做自己不行嗎？

「職場氛圍」這種東西，如果沒有實際踏入公司工作，其實是無從得知的。有些公司會在求職網站中特別註明「公司內部氣氛和諧融洽」，實際上卻像是地獄般的不友善；相反的，有些公司氣氛過度融洽，連休假日，同事還會想要揪在一起出遊烤肉，這麼歡快的氣氛，對我這種喜歡宅在家裡畫昆蟲的人來說，也是一種困擾。

能遇到一個完全符合自己性格的職場，其實非常困難，而且重點是：無論是自己多麼想要從事的工作，只要無法融入那個職場的氛圍，工作起來就會讓人感到萬分痛苦。所以我超希望求職網站提供的資訊，除了薪水、休假天數、加班、津貼等項目外，也能增加一項「工作氛圍」。

如果不小心遇到工作氛圍與自己性格完全不合的公司，其實也不用勉強待著，可以考慮換個工作。如果要勉強自己待在這樣的職場環境中，還是有方法讓工作氛圍稍微舒適一些。那就是：尋找與自己頻率相同的夥伴。縱然整間公司的氛圍無法改變，只要能找到同伴，至少能淡化疏離感。

回想學生時代，在班級內也常會分成很多個小團體：有熱愛體育活動的、喜好文學的、愛打電動的，以及喜愛昆蟲等各式各樣的小團體。無法融入職場氛圍，就像是喜歡昆蟲的我，獨自踏入熱愛體育活動的小群體內，無論如何都很難融入其中。

但是只要能找到一個頻率相同的夥伴，兩個人就能創造出另一個團體。如此一來，就算被迫和自己感到棘手的體育愛好者相處時，只要想到等會可以跟同伴一起抱怨「今天有多累」，就能獲得「自己並不是孤獨一人」的安心感。

就算對方的興趣、性格等特質，跟自己完全不同，也可能成為夥伴。例如我剛進公司時，其實沒有什麼信心可以跟那些個性、愛好截然不同的同期同事成為朋友，但在上班一個月後，因為工作上經歷過許多十分辛苦的事，兩個人對職場上的不滿也相同，因此立刻成為氣味相投的夥伴。我們之後一起吃午餐、一起在下班回家的路上抒發對工作的不滿，進而成為彼此宣洩工作壓力的出口。

正因為有了這些感受相同的夥伴，才讓我們即使在難熬的職場生活中，也能擁有一點安心感，並且更容易撐過上班的時光。畢竟無論發生什麼事情，我們至少都還能跟夥伴發牢騷後，再想辦法跨越難關。

／不老實上班指南／

只要能找到一位頻率相同的夥伴，就能讓自己跨越那些辛苦的時刻。

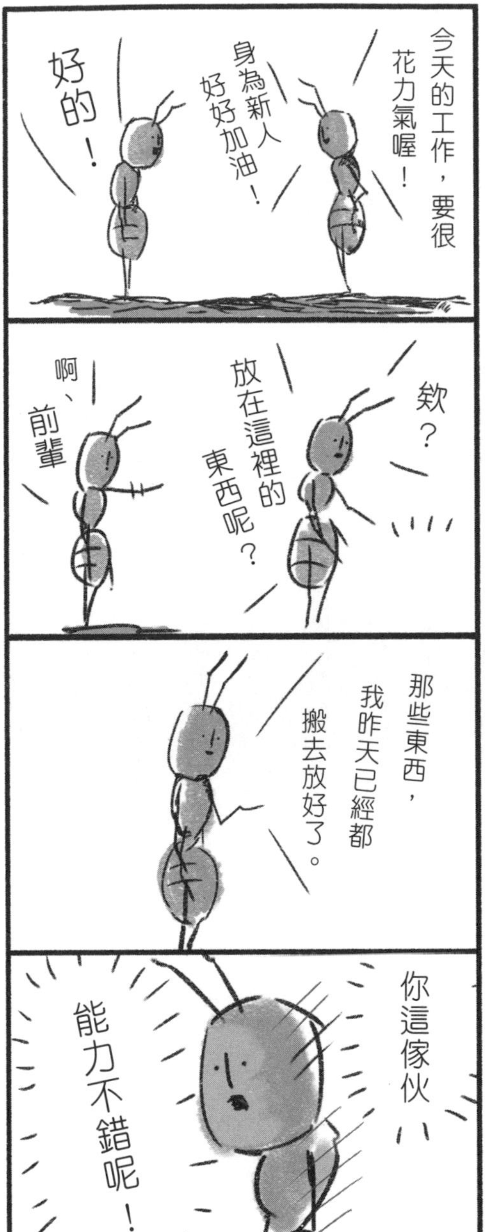

4

擔心剛進來的新人能力比我強

日本大部分的企業，會在每年春天招募新人進入公司。好不容易輪到自己成為能說出「有什麼不懂的，都可以問我」的前輩時，沒想到出現在自己眼前的，不是對我說著「不好意思，這個可以教我一下嗎？」的後輩，反而是個比自己還更加耀眼、活躍的新人。

新人本來應該是要被教導的一方，卻成為有能力教導別人的厲害角色；新人原本應該要努力追趕上其他前輩，卻變成其他前輩得加快腳步，才不會被新人追上。在某個櫻花盛開的四月，就有個比我工作能力還要優秀的新人出現！

當我還是個剛進公司的菜鳥時，我會將所有自己經手的工作，不論是步驟或方法，都一項項的抄在筆記本上。但因為常會弄不清楚到底抄在哪，所以總是不斷翻著筆記本找答案，變成一個一直在翻找筆記本、沒用的新人。

但這個新來的後輩卻完全跟我相反，從新人時期就幾乎不做筆記。我忍不住問他：「不把這些方法、步驟寫下來沒關係嗎？」只見他一派輕鬆的回答：「沒問題的，這些東西不複雜，用腦子記一下就好。」瞬間讓我驚呆了。

剛開始，我也曾對這個厲害的新人，感到有些威脅感。但是透過一邊指導他熟悉工作，我也一邊在工作中重新找到自己的定位，進而讓兩個人都獲得了成長，所以我現在不再因有能力強的新人，而感到過度焦慮。

／不老實上班指南／

把工作能力優秀的後輩，收為自己的盟友，自己也能從中獲得成長。

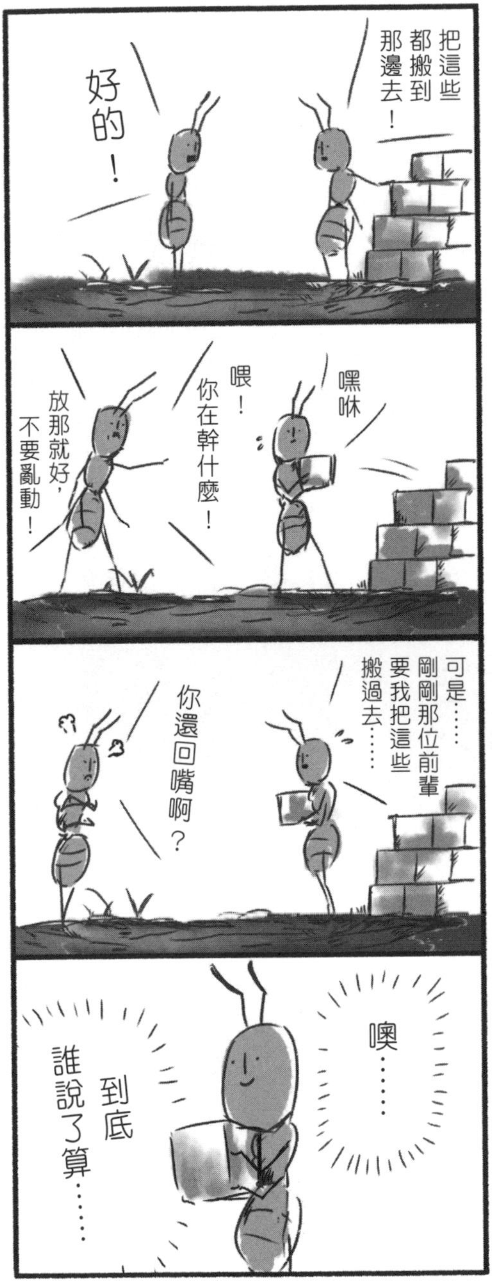

5

到底該聽主管A，還是主管B？

在公司裡，無論是老闆、主管或是前輩，對於基層員工來說，他們有必要服從位階比自己高的人，並完成他們所給的指示。

如果沒有正當理由，卻對上級的指示說NO，那肯定會被當成麻煩人物。但是，萬一不同的上級下達了不同的指示，任務交辦也出現了各式各樣的版本，那麼，這時應該怎麼辦才好？這對聽命行事的人來說，實在是個大難題啊！

我曾經夾在兩個主管之間，左右為難。先假設一個是主管A、另一個則是主管B。

主管A下達了命令：「請用方法一進行。」當我正照著指示準備完成工作時，遇到了主管B，主管B看見之後，對著我大吼：「你在搞什麼鬼！為什麼不用方法二，馬上重做！」

因此，我只好回去請示一開始交辦任務的主管A，我問他：「是不是可以改用方法二來執行？」主管A表示：「不行！」最後，我只好背著主管B，偷偷繼續用方法一來完成。

但事情並沒有想像中的那麼順利，在我用方法一執行工作的同時，又被主管B當場撞見了。他勃然大怒：「我剛剛是怎麼說的，你到底有沒有在聽！」陷入衝突危機的我，只好向主管B解釋：「是主管A指示我這麼做的。」沒想到反而引發反效果，彷彿火上加油般，我被主管B怒斥：「不要藉口一堆！」當不同主管給出了不同指令，根本不曉得誰說了算、也不曉得到底該聽誰的，這真的很讓人困擾。

最後，我選擇以直屬主管的指令為優先。

當然，一方面是這個直屬主管值得信賴，但還有一個更重要的理由是：當我出包時，我的直屬主管也會一起被罵。而其他人雖然也是主管，但他們並不用負責，就算出包也能裝作不關自己的事。

在剛進一家新的公司時，很難判斷誰才是「能給正確指令」的主管，但是請放心，只要工作過一陣子，自然就能從中判斷，到底應該聽誰的指令辦事，才會是對自己比較好的選擇。

當你處於還沒進入狀況的菜鳥階段時，如果遇到各式各樣的任務交辦，我建議以直屬主管的命令為最優先。

／不老實上班指南／

試著找出能給正確指示的人吧！

6

遇到說話一直瘋狂跳針的傢伙

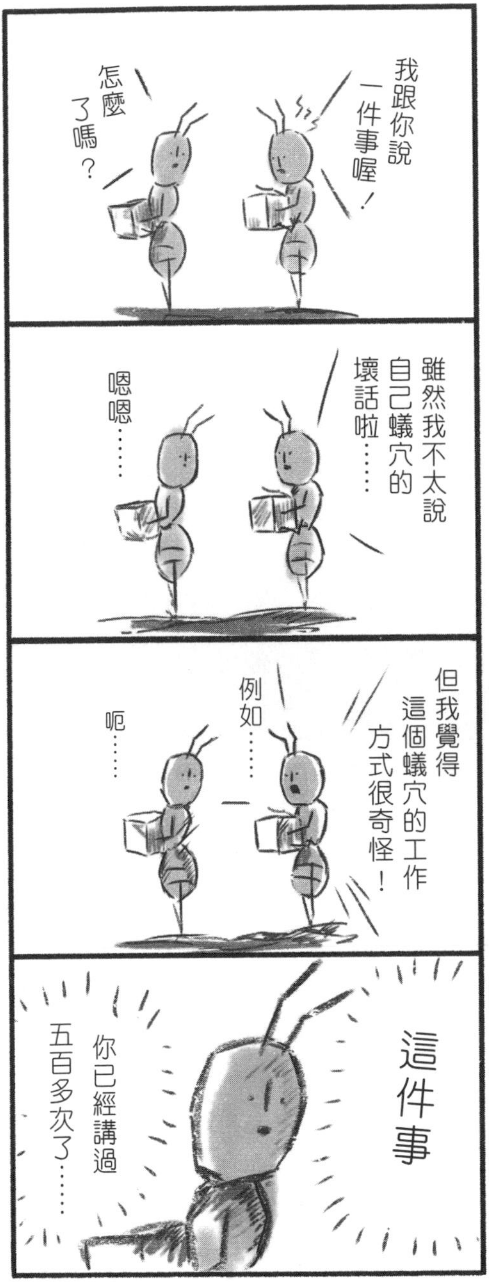

有些人常會完全忘記自己曾說過什麼，然後一次又一次的重複已經說過N遍的內容。

如果是和工作相關的事情也就算了，畢竟會這樣反覆強調，或許代表這件事情很重要。

但如果是跟工作無關的閒聊，當其他人插嘴說出：「喔！我知道啊，你之前已經說過了。」反而會讓對方玻璃心碎。

為了不讓對方感覺受傷，最好的應對方式，就是每次都表現得像是第一次聽到一樣。

但如此一來，反而會讓對方興致更加高昂，而自己每次都要配合演出這種虛假的反應，不僅會越來越感到心累，也會越來越無法接受這樣的自己。

因此，每當我遇到這種窘境時，就會用「嗯，就是說啊！」來回應對方。這句話真的非常好用，既不會讓對方不愉快，又能委婉營造出「你之前已經說過了」的氛圍。

不用勉強自己，只要表現出「就是說啊！」的感覺，就能讓自己和對方都擁有好心情。

／不老實上班指南／

試著說：「就是說啊！」這句話擁有不可思議的魔法。

7

我想和同期的同事好好相處

同期進公司的同事，不只是夥伴，也是競爭對手。在我剛出社會，進入一家新公司時，心裡曾經出現「同期到職的同事，是夥伴，也是彼此競爭對手」的這種想法。

我喜歡昆蟲，且興趣是看漫畫與繪畫，而當時同期進公司的同事喜歡汽車、喝酒、重訓，個性跟我幾乎截然不同。

我們在彼此沒什麼交集與交談的情況下，一起以新進員工的身分，到公司接受新人訓練。

剛進入職場，大家每天都因各種新業務而忙得不可開交，一時之間也無暇跟同期的同事一起競爭、較勁。

我們的關係就像水與油，平時無法融合，但遇到動盪、艱苦的環境，還是會混在一起，我們互相留意對方忽略的主管指示，遇到不懂的地方也會彼此支援。

雖然同期的同事之間，偶爾會有競爭意識。但在一起經歷危險或困難時，那樣的競爭感就會消失，甚至轉變成能夠互相幫忙的好夥伴。

／不老實上班指南／

共同面對嚴苛的職場環境，競爭關係就能變成夥伴關係。

8

他罵得實在太沒道理了

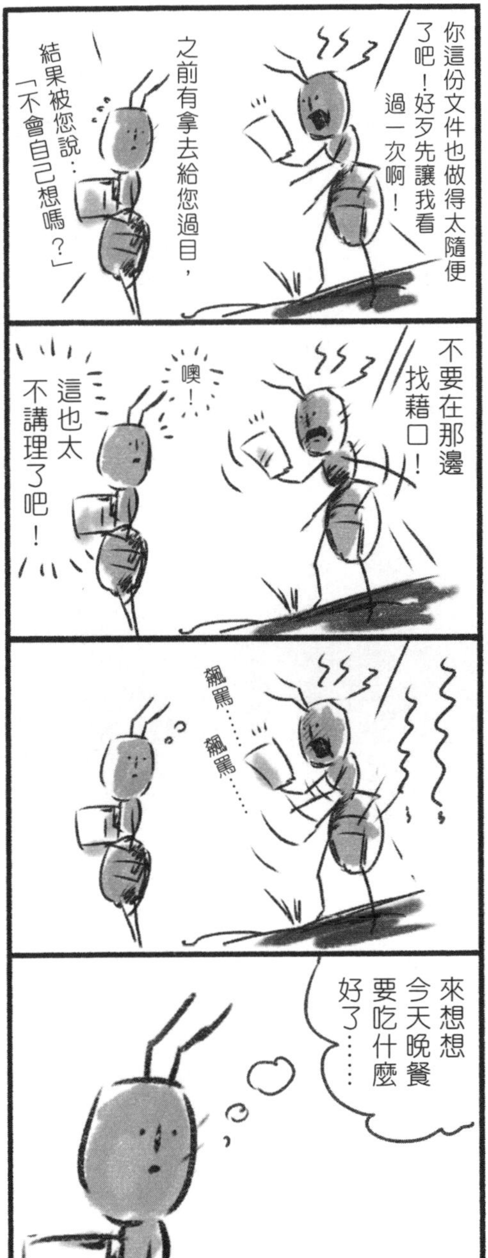

說來讓人遺憾，這個社會上，有許多不合理的事，例如，有人前一分鐘才說「ＯＫ！沒問題」，下一分鐘忽然變臉說「ＮＧ，這樣不行」；別人犯下失誤，你卻得背黑鍋；又或是有些不認識你、也不知道你做過什麼努力的傢伙，一見面就對你說教。

真的讓人完全無法理解，為什麼會發生這些不合理的事。

雖然直接當面嗆對方說：「這也太不講理了吧！」也是個辦法，但既然對方都是個不講理的人了，怎麼可能會把我們說的話給聽進去？最糟的情況下，這樣的回答還會點燃對方怒火，然後被加上一條「態度很差」的罪名。

所以當遇到這些不講理的情況時，請先深吸一口氣、再緩緩吐出！

如果跟著對方一起爆炸，是很難控制住自己的（不過切記，如果對方就在你面前，深呼吸的動作可以改成在腦海中進行，以免大口吐氣時，被對方誤解為不耐煩）。

接下來就一邊假裝認真聽對方碎唸，一邊在腦海中擬定週末的休閒計畫，或乾脆想晚餐該吃什麼好，耐心等待碎唸結束吧！

對於這些傢伙所碎唸的內容，完全不用認真，畢竟太認真對待，只會讓自己更煩躁而已。

往好處想，至少我們得到了「這傢伙十分不講理」的重要資訊，今後只要盡量離他們遠一點，盡可能讓我們自己減少與不講理的人相處的機會，身心應該就會比較健康。

另外，在事情結束後，也要盡快把這些鳥事都趕出自己大腦中，當作完全沒有發生過一樣。

哪怕是為了抒發壓力，而想向同事、朋友們抱怨這件事，也只要說個大概就好，千萬不要鉅細靡遺的描述細節，因為那只會讓自己再次回想那個讓人不爽的經過。而且聽你抱怨的朋友們，也會被迫接收到那個討人厭的過程，進而產生負面情緒。

最後，為了避免自己糾結在那些不合理的事情中，請和不講理的人保持距離。並且在不合理的事件發生後，立刻刪除這些糟糕的記憶，或是想一些會讓自己開心愉快的事。能越快轉換情緒的人，就能增加快樂的時間，遠離痛苦。

／不老實上班指南／

即使遭遇到不合理的對待，也要成熟應對，讓事情盡快結束。

9

「這個拿去印一下！」嗚嗚嗚，老闆霸凌我

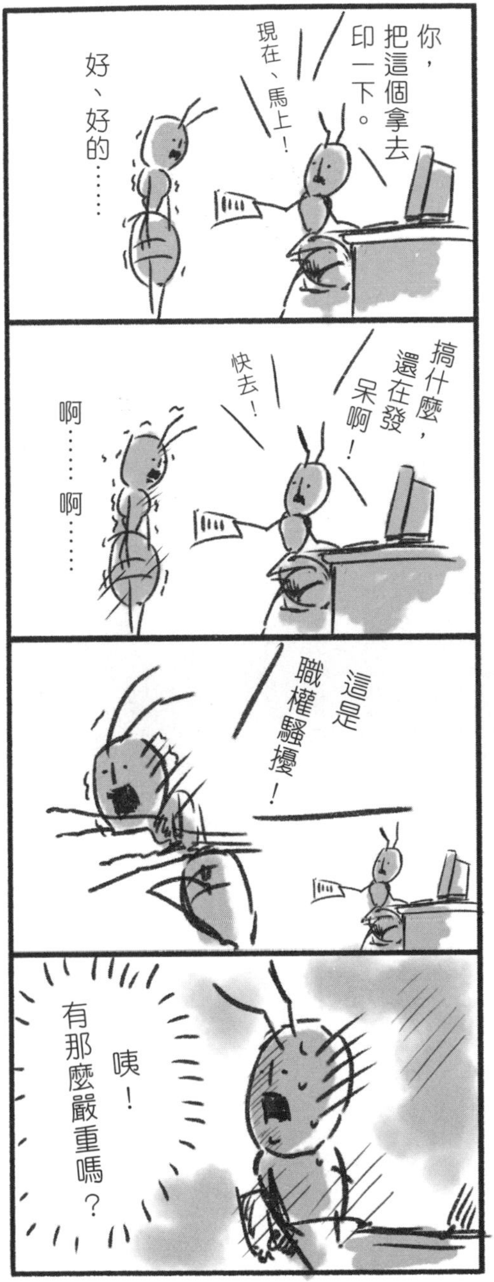

近年在公司與後輩相處，也成了一大難題，只要一不小心，就可能會被後輩認為是職權騷擾。例如，「把這個拿去影印一下！」的小請託，常可能因為說話方式或表情，讓對方不開心或感受到壓力，而被說是職權騷擾。

為此感到為難的人，或許可以試著回想，當自己還是新人時，那些讓自己尊敬的前輩，與那些無法讓人尊敬的前輩的情況。

那些讓人尊敬的前輩，無論是請你幫忙任何事，都會正眼看著你再說出請求，並在你幫忙處理完成後，也一定會對你說聲：「謝謝你囉！」

所以當這樣的前輩對自己生氣時，我們自然就會反省「是不是我做錯什麼，造成他的困擾」。相對的，如果同樣的事情，發生在那些無法讓人尊敬的前輩身上，我們心裡會產生「前輩好恐怖啊！」的想法，並懷疑自己是不是遭受到職權騷擾。

身為前輩或老鳥，偶爾也會有生氣的時候，但如果平常就能與後輩建立良好的關係，應該就能讓對方確實感受到自己真正的想法。

／不老實上班指南／

平常就與後輩建立良好關係，讓對方確實感受到自己真正的想法。

10

不肯認錯，還藉口一堆

我遇過犯錯不肯承認、又滿嘴藉口的同事。就算主管生氣了，他還是滿嘴「因為」、「可是」，讓在一旁的我看得心驚膽戰。

其實我能理解想要找理由解釋的心情，但說出那些藉口，不過是暫時推卸責任，反而讓自己的工作形象大大折扣；不如忍住想解釋的心情，先誠心道歉，較能讓人信任。愛找藉口的人，平常較不容易被信賴，哪怕不是他所造成的失誤，也會因為平常就無法取信於人，導致大家看到失誤時，馬上就想到他。

後來那個同事的形象，在管理層級中被傳開，之後他被調到全公司最嚴格的主管底下工作。令人驚訝的是，短短幾天後，那個同事找理由與藉口的情況大大減少，這背後到底經歷了多恐怖的特訓，光是想像就讓人渾身發抖。

╱不老實上班指南╱

老是找藉口，對自己一點好處也沒有。

11

冷氣溫度要高還低？人人都有意見

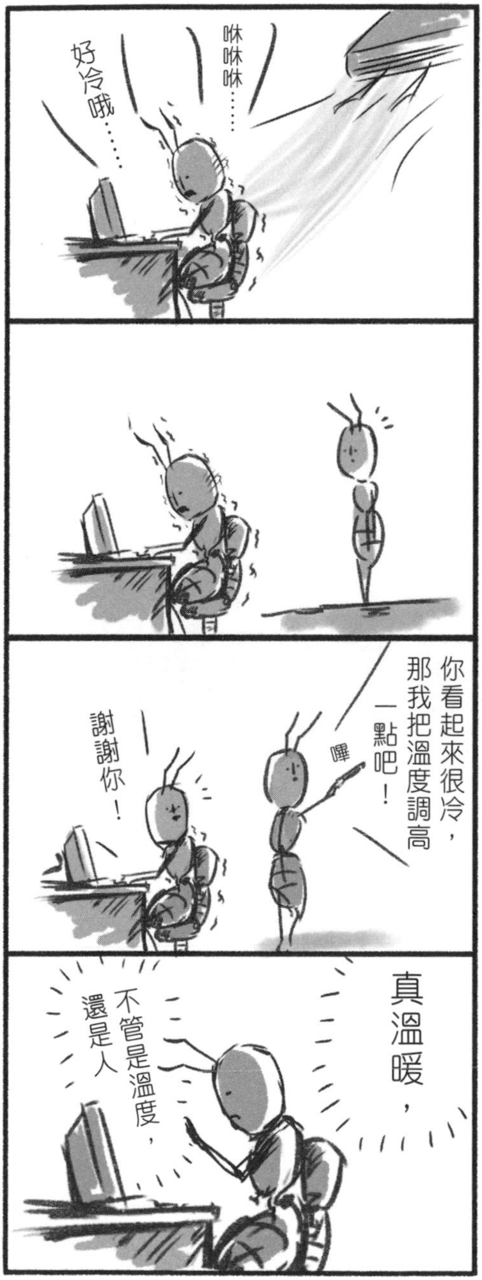

公司是個讓大家一起在同一個空間內工作的場所，所以很難創造出同時滿足所有人的舒適環境。尤其在夏天的冷氣房中，常常會出現極端的溫差，一邊是燠熱的熱帶草原，另一邊則是酷寒的南極。

當然，也會有一部分的人，坐在溫度適中的綠洲區，但可以坐在綠洲區的人，僅限於少部分幸運兒，所以大家經常為了冷氣溫度應該高一點或低一點，而引發爭論。

如果對溫度有意見的對象是平輩同事，或許還能直接抱怨：「冷死了！」但如果對方是上級主管的話，也只好認命閉嘴。

頂多就是多加幾層外套，把自己包成雪人，一邊工作，一邊忍耐低溫。

下次如果發現周圍同事，都把自己包得跟雪人一樣時，不妨開口問一下：「會冷嗎？」並試著找出讓大家都能接受的溫度區間。

這樣一來，酷寒的辦公室，也會漸漸被體貼的心意暖化，變成和平的辦公室，而整間公司也有機會成為溫暖的綠洲喔！

／不老實上班指南／

不妨開口問一下：「會冷嗎？」並試著找出讓大家都能接受的溫度區間。

12

他又來搶功了！

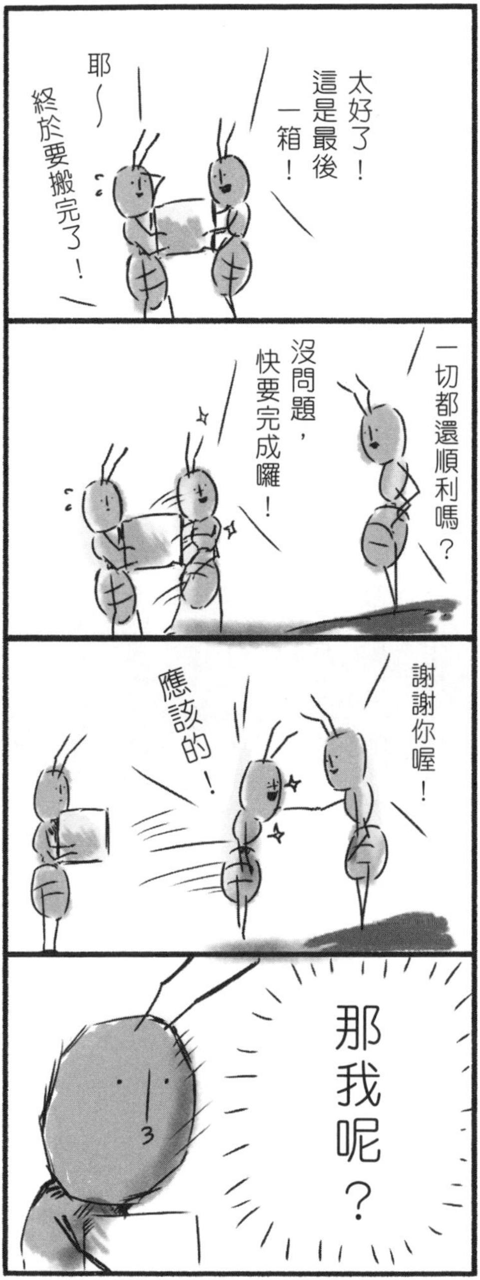

團隊合作時，每個人的能力都很重要，但我認為除了個人能力，更重要的是彼此願意互相合作。

麻煩的是，團隊中總有極少數的成員會造成團隊困擾。例如，把整個團隊的功勞，全都歸功於自己。他們總是把大家合作努力辦到的成果獨吞，可說是功勞小偷。

我必須很遺憾的說，在社會上，有時也是要當個功勞小偷。

但我們還是沒辦法接受自己努力的成果，被別人搶走，萬一不幸遇到這種狀況，也只能忍耐吞下來，畢竟完成一件工作，沒有得到也會學到，所以不用特別去證明什麼。

哪些人有付出努力，相信周圍的人都清楚看在眼裡，最重要的是保持平常心，就算被偷走一次工作成果，只要有從中增加經驗值，一定很快就可以再做出成績。

此外，人一忙，就容易忽略關心周遭的人事物，所以要特別注意，不要讓自己也變成功勞小偷！

／不老實上班指南＼

最重要的是保持平常心！

第 2 章

什麼，這些也算是我的工作？

1

被問「沒問題嗎？」只敢回答「是，沒問題！」

剛進公司時，身邊總是有許多體貼的前輩們，會好心的探問：「還好嗎？沒問題吧？」我們身為新人，是不是連想都沒想，就馬上回答：「沒問題。」我以前就常會這樣反射性回答！

明明還不太清楚公司的作業流程，卻裝出一副沒問題的樣子；明明沒有聽清楚前輩交辦的指示，卻還是回答「好的，我知道了」；明明不懂對方說出的某個專業術語，卻還是假裝自己聽得懂，繼續回答對方；明明緊張到腦中一片空白，什麼話都聽不進去，卻還要裝作若無其事的給出回應。

這是因為我們常誤以為，沒有辦法馬上理解命令的員工，就會被貼上「工作能力有問題、反應遲鈍」的標籤，在這種不安的心魔底下，逼得我們什麼都用「好的！沒問題！」來馬上回答對方。

在我還是新人的時候，就曾經因為對所有事情都說沒問題，而招致了重大的挫敗！

記得當時我被交付了一件搬運的工作，有前輩問我：「你一個人做的話，可以在時間內完成嗎？」我馬上用充滿信心與活力的口氣回答：「可以的，沒問題！」但後續的工作過程一點都不順利，讓我開始後悔了，如果剛剛回答的是「可能有點困難！」那該有多好。

眼看著似乎無法在時間內完成工作，但也沒辦法向別人開口求救，只好硬著頭皮埋頭苦幹。

直到前輩來確認工作進度時，判斷照這個速度肯定做不完，馬上請其他同事來協助，也多虧大家幫忙，總算即時完成。這次的經驗讓我深深體悟，輕易回答出「好的！沒問題！」是件多麼危險的事情。

但是想也不想就說「這對我來說，好像有點困難」，在職場上也非常危險，因為這會讓你的主管或前輩，認為你是個不積極的員工，而且，不試著挑戰，總是依賴別人，也無法讓自己成長。

不妨先試著回答：「好的！沒問題！」等到發現自己力有未逮時，再坦率求救吧！

遇到任何問題時，都請大方接下挑戰。如果發生意料之外的狀況，先回報對方，再反省自己有沒有做得不夠好的地方。

只要能以這樣的態度，讓自己一步步的挑戰與成長，相信一定沒問題的啦！

／不老實上班指南／

先盡全力嘗試與挑戰，一旦發現有困難，記得馬上請求支援。

2 不是所有年輕人都是3C高手

每當電腦或印表機出現異常時，周圍常會有「先找個年輕人來搞定它吧！」這種氛圍。

大家對於「數位原生世代」，也就是從學生時代起，就在電腦與網路環境中長大的年輕人，總是會有「他們對3C產品應該都很拿手吧！」這種沒來由的信賴感。

但又不是每個年輕人都熟悉各種3C產品，例如印表機故障時，也不是每個人家裡都有商用印表機，可以拿來學習如何排除故障，所以這種事情跟是不是年輕人一點關係也沒有。

差別只在於，年輕人有個強大的盟友，就是網路與社群軟體。

只要輸入關鍵字，就能在網路上找到相關的資訊，哪怕一時查不到，還能透過同年齡的朋友們交換資訊。

如果這樣都還無法解決，其實也可以直接說「這我沒辦法處理」。畢竟有些問題，只有專業人士才有辦法解決。

當被要求搞定3C問題時，年輕人不用太過焦慮，只要在能力所及的範圍內，盡力嘗試就可以了。

／不老實上班指南／

不必太過焦慮，在能力所及的範圍內盡力嘗試就可以了。

3

不管任何時候，都窩在休息室的同事

有時會遇到某些同事，他們總是窩在休息室，彷彿休息室老大一般。在其他認真工作的人眼裡看來，不禁會想：「我這麼認真工作，為什麼那些傢伙看起來這麼清閒！」

我的同期之中，就有這麼一個「休息室老大」。他從進公司的第一年起，當所有新人都在賣力工作時，唯獨不見他的身影。某天，公司部長突然跑來視察新進員工的工作狀況，然而那位休息室老大照例窩在休息室內休息。

部長問：「奇怪？還有一個人在哪？」我們這群同期同事不得不回答：「他在休息室。」部長一聽勃然大怒，大罵「搞什麼鬼啊」便衝到休息室找人了。

只要不被主管發現，能舒適輕鬆的偷懶當然很好；但一被發現，就是信用破產的下場。

休息室老大再怎麼大，部長要刁難也是輕而易舉，不要以為賣弄一點小聰明就可以偷懶。

如果看到別人正在偷懶，也別在意，只要打起精神做自己該做的事就好。

╱不老實上班指南╲

不用理會休息室老大，專注在自己該做的事情上就好！

4

睡魔襲來，午休睡過頭啦！

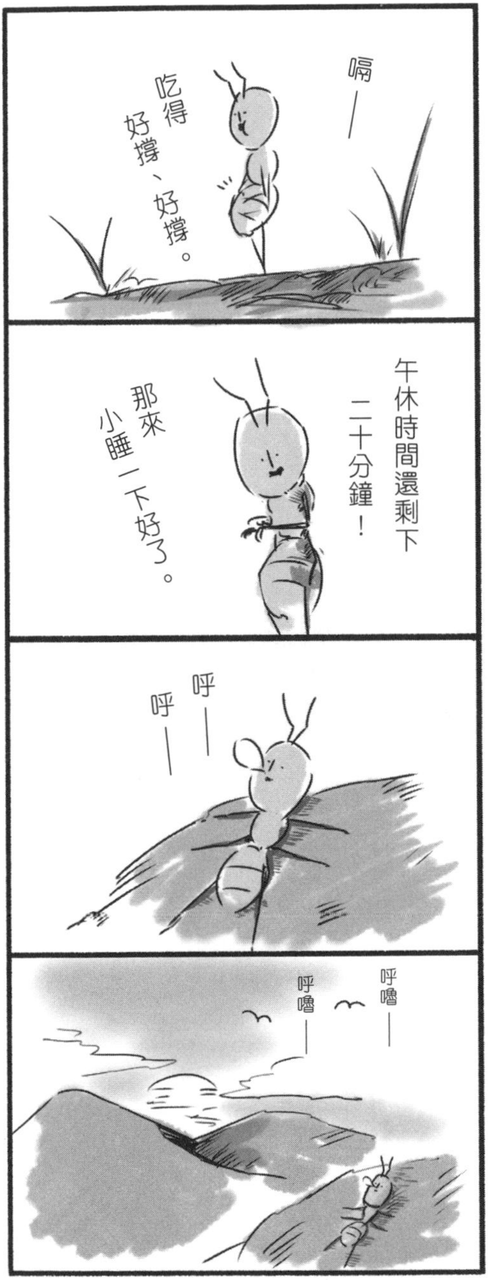

如果在上班時間睡過頭，就算被主管踹飛也不意外。最容易被睡魔攻擊的危險時段，就是中午剛吃飽飯後，那股濃濃的睡意，會讓人像是瀕臨昏死一般，睡到完全不省人事。

我有過類似的可怕經驗。

我吃完午餐後，都習慣小睡片刻。某天，距離午休結束還有約二十分鐘，所以我就很放心的坐在休息室打盹。

當我驚醒時，才發現我睡了不只二十分鐘，於是我慌慌張張的回到辦公室，而我慘白緊張的臉上還殘留著口水印，一副剛睡醒的樣子。

我馬上向主管道歉，所幸主管與其他同事似乎沒發現我剛剛不在位子上，因此沒有被主管多加苛責。

不過我這薄弱的存在感，讓我在午後感到些許淒涼。

自從發生過這樣的慘劇後，我養成在午休時間設定好鬧鐘的習慣，只要鬧鐘沒響前，我都能好好的休息。畢竟適度休息，也能提高工作效率。

／不老實上班指南／

養成在午休時間設定好鬧鐘的習慣，只要鬧鐘還沒之響前，都可以好好的休息。

5 怎麼到哪裡都有潛規則！

如果完全依照新進員工訓練時所學到的方法工作，無法令人放心，因為在不同的部門、不同的工作環境裡，都有許多專屬於這個領域的潛規則。例如，上班時間雖然明文規定是九點，但新人一定得在八點前抵達；又例如聚餐後的隔天一早，大家都會主動向主管道謝等。

雖然許多人會想：「難道就不能事先告訴我們這些規則嗎？」但絕大多數的人，只有在違反規則而被罵時，才第一次注意到有這種潛規則。

但是這些潛規則如果沒人提點，本來就不會知道，所以不用沮喪，只要抱著「原來有這個傳統，那我下次多注意」的態度，並小心不要再犯就好。畢竟新人階段，不知道這些潛規則也是理所當然的。

／不老實上班指南／

在知道公司有哪些潛規則之前，最好多觀察。

6

有人老愛在午休時間找我幫忙

午休時間比任何事情都重要。不論是一邊滑手機，一邊輕鬆的享用午餐，或是快速吃完午餐後，到外面散散步都很不錯，這本來就是一段上班族能自由運用的時間。

但是當有人忽然在午休時間請你幫忙，這段寶貴的時光就會受到威脅，而那些請你幫忙的事情，小到託你買個東西，大到吃掉你整個午休時間，什麼事都有，什麼事都不奇怪。

在我的經驗中，主管曾在午休時間要我拜訪一位長期合作的客戶，向他領回一份資料。

我記得當時從公司到客戶所在的地方，走路加上車程，單趟約花費二十分鐘，所以來回得花上四十分鐘，再加上寒暄閒聊，超過一個小時也屬正常，所以我寶貴的午休，就這麼泡湯了。

畢竟是主管交辦的任務，我以為等任務結束後，主管應該會另外給我休息時間。但沒想到，我連午飯都沒吃就出門，等到回來向主管回報任務完成時，主管竟只回了一句「好」。

我原本以為，主管至少還會問一聲：「吃飯了嗎？如果還沒用餐的話，現在快去吃吧！」然而現實中竟然只得到一句「好」，就結束了。

當下我又不好意思擅自外出，但要對主管說：「因為剛剛午休在處理公務，所以我現在去休息一下。」需要十足的勇氣。

我只好開始工作，並吃著平時藏在座位的糖果來充飢。但是餓著肚子完全無法集中注意力，以至於本來半個小時就能完成的工作，在當時足足花了一倍以上的時間，甚至還因此留下來加班。

現在回想，如果當時能鼓起勇氣向主管提出休息用餐的需求，下午的工作效率應該不至於這麼差，也不用因此加班，這樣不僅對我有好處，公司也能省下那筆原本不用支付的加班費。

下次如果你也遇到類似的狀況，請預想一些方法，讓自己可以在公司允許的範圍內，獲得最佳工作效率！

例如，我為了避免到了休息時間，卻無法準時用餐休息，所以我會在辦公桌的抽屜裡，預先準備一些應急食物，這個方法也十分推薦給大家！

／不老實上班指南／

在辦公桌的抽屜裡，預先準備一些應急食物。

7

想要早起工作，卻總是殘念

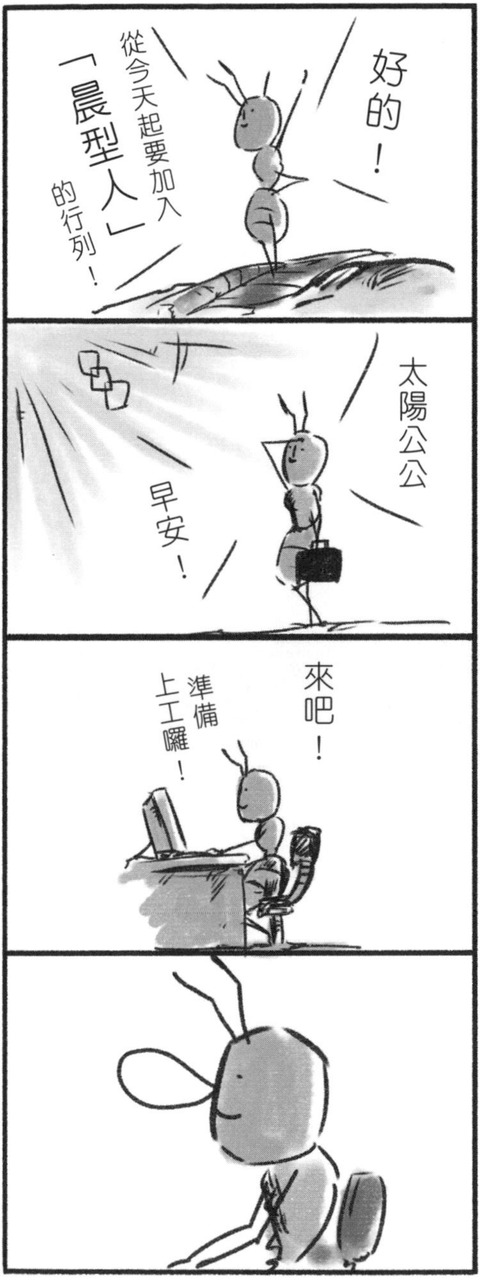

在許多書籍或是電視節目中，經常都會推廣早點起床處理事情，做事效率會比較好。

因此我每年也都會有兩、三次忽然心血來潮，想要調整自己的生活作息，逼自己早上五點起床開始工作。

但實際結果，往往比「三天打魚、兩天晒網」還要慘，通常持續個一天就沒下文了。

「想要早起開始工作」的自己，與「想要偷懶、多睡一點」的自己，總是在天人交戰，而後者也總是獲得壓倒性的勝利，以至於原本預計安排要早起完成的事情，也因此拖到當天的深夜才勉強完成，最終自己成為究極版的夜型人。這令人遺憾的結果，實在是怪不得別人。

所以我最近已經放棄早上五點起床的目標，改成只要稍微努力就能夠起床的時間，並且在起床時，大喊一聲：「好喔！起床了！」強迫自己提起精神，也降低賴床的機率。

或著一早醒來，我會立刻拿起手機先玩個五分鐘遊戲，讓手機螢幕的聲光效果叫自己起床，且讓自己專注沉迷在遊戲中，也可以避免再度睡著。

／不老實上班指南／

在起床時，大喊一聲：「好喔！起床了！」強迫自己提起精神，也可以降低賴床的機率。

8

桌上太亂，老找不到重要文件

如果桌面太過雜亂，很難馬上找到重要的東西。這個道理人人都懂，但我桌面雜亂的程度，糟糕到無法見人。

簡單來說，我的桌面上，有四隻正在製作中的獨角仙與鍬形蟲標本、一個魚缸，裡面有一隻寵物蝦悠哉游動、一旁還有整堆的畫材。

此外，房間地上散落著漫畫草圖，以至於連落腳的地方都沒有，還有一整疊完全想不起來是什麼時候買的謎樣書籍。

在這個完全沒有整理過的工作空間裡，如果找不到重要資料，一點都不讓人意外。

讓自己桌面亂成這樣的我，其實也沒什麼立場，來建議大家維持工作空間的整潔（寫完這篇文章後，我會立刻著手整理的），而我也比大家更迫切需要收納整理的技巧。

但我自己目前嘗試的方法是：先把一件自己喜歡的東西放在桌面上，例如對我來說是昆蟲模型，只要模型周圍開始雜亂起來，那喜愛的模型看起來，就會像是被擺在垃圾堆中的垃圾。因此我就會從模型周圍開始整理，並一點點的擴大範圍，最後將整個房間整理乾淨。

／不老實上班指南／

先從小範圍開始著手整理，一點點的擴大。

9

「我要請特休！」卻怎麼都說不出口

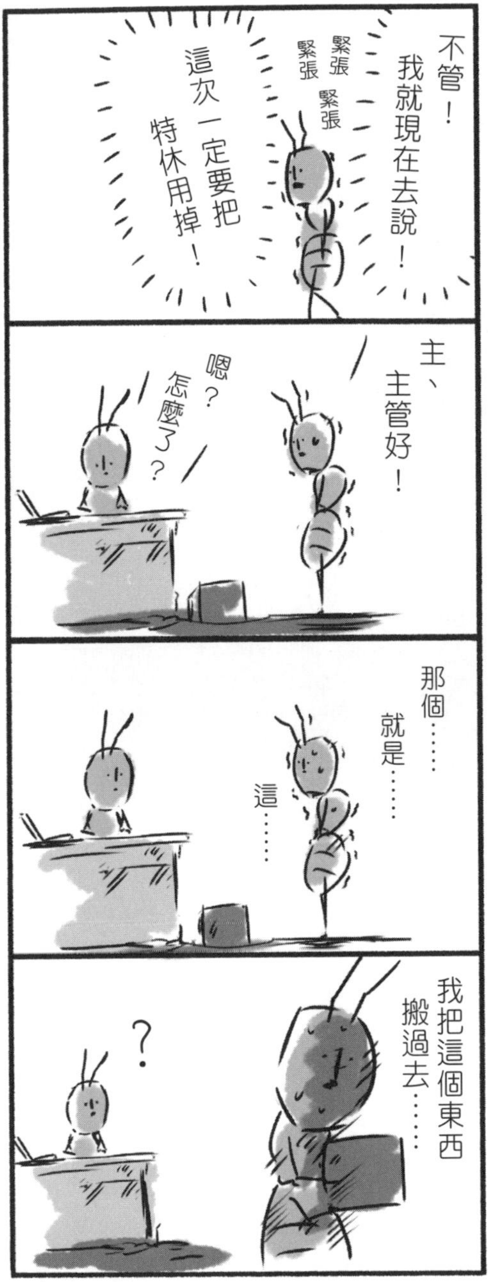

「我想請特休！」之前光是要說出這句話，就讓我緊張到不行。

畢竟我之前表現出「為了更快熟悉工作業務，請盡量把工作交給我」的認真態度，萬一這時說出「我想請特休」，那之前塑造的形象會不會因此崩壞，或是被主管討厭。我總是在心裡不斷上演著小劇場，但真正不讓自己請特休的敵人，其實不是主管，而是自己，只要敢鼓起勇氣請假，一般主管是不太會拒絕的。

基本上，只要能清楚說出請假需求，通常都會獲准。最怕的是像我這樣扭扭捏捏的態度，才讓人有拒絕的空間。而且，請特休本來就很正常，只要眼神堅定有自信，主管也只能回答「好，我知道了」。就算因故被拒絕，只要在心裡暗罵：「臭主管！」然後認命的回到工作崗位，也不是什麼大不了的事。

／不老實上班指南／

不要讓對方有拒絕的空間，就算很難開口，也要清楚堅定的說出來。

10

隔壁同事的打字聲音很吵

用鍵盤打字時，當我們敲下Enter鍵，常會帶著「好耶！終於完成了」的愉悅情緒，然後「咚」的用力按下。而我則是有個自我感覺良好的習慣，那就是敲Enter鍵時會特別謹慎。

在過去的職場裡，坐在我隔壁的同事平均每幾分鐘，就「咚咚」的用力敲擊Enter鍵，總是會驚嚇或打擾到我。

但畢竟是同事，又不好意思請對方稍微注意一下，萬一因此交惡，那麼比「鍵盤聲吵死了地獄」還要更難熬的「辦公室失和地獄」，就會在前方不遠處等著我。

當然，有一些全然不在意鍵盤聲、每天都咚咚用力敲著Enter鍵的同事，哪怕他們在私底下，已經被偷偷稱呼為「Enter鍵人」也毫無察覺。只顧自己感受就用力敲著鍵盤，實在不能算是好行為，畢竟你製造出這麼多驚擾別人的聲音，別人因此而感到不悅也很正常。

這也是一般人在公司會特別約束自己行為的緣故，畢竟顧慮到他人的感受，才能創造出舒適的工作環境。

╱不老實上班指南╲

就算是細微的小事，也可能會讓其他人感到不舒服。

11

多吃一點才有體力工作，結果，多的不是體力，是工作

我自從出社會獨自生活後，三餐都自己打理，而我原本在學生時代不吃早餐，但進公司成了上班族後，為了讓自己有力氣工作，抱持著「沒吃早餐就沒有活力，這樣要怎麼工作」的想法，開始努力吃早餐；中午則想著「為了在下午有力氣工作，所以一定要吃飯」；到了晚上，又告訴自己：「明天還要努力工作，為了儲備體力，就來吃點消夜吧！」

但有一點千萬不能忽略，就是出社會後與學生時代的運動量完全不一樣，平時在公司處理業務，也都只是坐著不動而已。我直到變胖後才驚覺，人其實不用吃這麼多東西也能工作，況且就算吃到發胖，工作也不會有什麼發展，何苦呢！

不老實上班指南

我直到變胖後才驚覺，人其實不用吃這麼多東西也能工作。

12 拖延症怎麼救？只能自救

不要把該做的事情，全部都拖到最後一刻才去處理，這種事情大概連小學生都知道。

我從小就很喜歡大型昆蟲，每逢暑假，我幾乎從早到晚沉迷在捕捉昆蟲的世界裡，把暑假作業丟在一旁、忘的一乾二淨，直到假期的最後一週，才急急忙忙的寫暑假作業。

當時我總是一邊與暑假作業奮戰到深夜，一邊在腦海中反省，明年要怎麼做才比較好；但直到現在，我還是常常找藉口來擱置一些原本應該要做的事。

為什麼我們可以秒回好友傳來的訊息，卻老是裝作沒看見與工作相關的重要郵件？

或許是因為我們總是告訴自己，這件事很難一口氣做完，所以就算很重要，也晚一點再說，而將重要的事情不斷往後推遲。

為了根除這個毛病，請先抱著「就算只做到一半也沒關係」的心情，馬上開始著手吧！

只要不要把所有的事情，都拖到最後一刻才動工，應該就能稍微減輕對截止日的焦慮心情！

＼不老實上班指南／

請先抱著「就算只做到一半也沒關係」的心情，馬上開始著手吧！

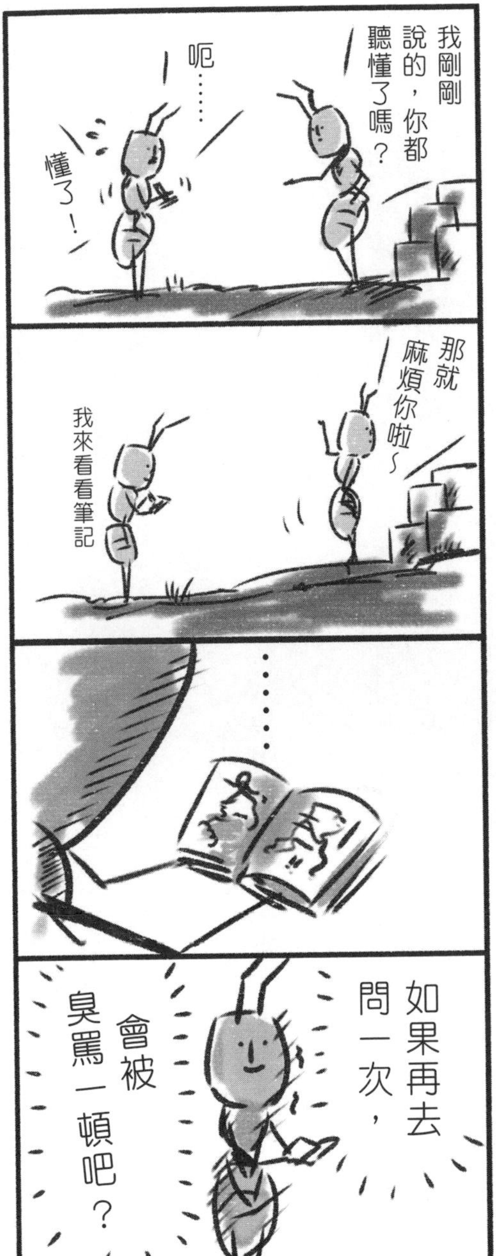

13

忙亂中抄的筆記，看到哭也看不出所以然

剛進入一家新公司時，要學的東西像山一樣高，也常常突然被交代一堆雜務，甚至還有一堆要記下來的注意事項。此時，筆記本就是我最可靠的夥伴，所以我過去不論走到哪，都會帶著一本小筆記本與原子筆，並在心裡告誡自己「所有的事情，最好別人說過一次就要學會」。

但問題在於，當時主管講話的速度特別快，以至於我在學生時期所訓練出的筆記能力，一點都派不上用場。不過這也不奇怪，畢竟職場不像學校，老師會一邊留意大家抄寫筆記的狀況，一邊調整講課速度，讓大家有時間抄寫。

但在公司裡，每個人都非常忙碌，根本無暇顧及每人的狀況，再加上主管講話速度太快，讓我沒有足夠的時間可以記筆記。於是我想了一個方法，叫做「雙重確認」，也就是注視著對方的臉，在幾乎不看筆記本的情況下，一邊拚命抄筆記、一邊也將對方所講的內容暗記在腦子裡。這個方法看似有用，但在不看筆記本的情況下，上面記滿了連自己都看不懂的鬼畫符；原本想暗記在腦海中的內容，也因為談話過程中，要表現出認真聽講的樣子，以至於腦海一片空白，什麼都沒記下來，因此雙重確認的測試方法宣告失敗。

在這令人遺憾的局面下，只剩下一條路可以走，那就是做好被臭罵「聽不懂要說啊！你剛剛是不是都沒在聽啊？」的覺悟，向對方再確認一次。但當時我因為太怕被罵，所以最後選擇最糟的方法：什麼都不說，只憑著自己模糊的記憶把事情做完。結果不只被痛罵：「搞什麼鬼啊？這跟我交代的完全不一樣！」還得浪費其他同事的時間來幫忙善後。因此，不管自己是不是拚命抄筆記，為了避免造成同事的困擾，只要對自己寫下的內容有疑問，還是老實的再向對方確認吧！

／不老實上班指南／

只要對自己寫下的內容有疑問時，為了避免造成同事的困擾，還是老實的再向對方確認吧！

第 3 章

朝九晚五準時下班，原來只是都市傳說

1 主管總是在下班前交辦工作

最危險的時候，就是你在下班前五分鐘，確認今天要做的工作項目都已經完成了，心裡正要歡呼「今天可以準時下班」的那瞬間！

為什麼？因為總有人在這個時候開口：「這個要麻煩你處理，請務必在今天內完成。」等於當場宣告你今天得加班，讓你瞬間從天堂跌落地獄。

如果不幸遇到這種狀況，請務必先冷靜下來，千萬不能露出殺氣，想辦法展現出和藹可親的態度，以包容對方的微笑來面對吧！接著，用最快的速度完成工作，畢竟加班的時間本來就是越短越好。

此外，也不要對那些臨時交辦工作給你的人心生怨恨，畢竟山水有相逢，說不定你在哪天也會需要對方臨時幫忙。總之，遇到這種狀況時，請務必冷靜、冷靜，再冷靜，並且盡可能的互相幫助。

／不老實上班指南／

只要想著或許哪天，也會需要對方的幫忙，就能露出笑容面對臨時的工作！

2 加班到深夜，同事突然失控大叫

只要是上班族，就無法逃過加班的命運。

尤其當你眼睜睜的看著同事們，一個個陸續起身回家，那種空虛、寂寞、覺得冷的心情，特別容易引爆累積已久的加班壓力。更慘的是，整間公司留下來加班的，都是和你一樣的菜鳥。

雖然聽起來很像靈異故事，但這是真實發生過的事：

我曾遇過加班到深夜時，忽然有同事失控大叫。

我擔心的問他怎麼了，只見他大吼著：「壓力實在太大了！」這種場景如果出現在白天，一定會招來全公司側目，並引起騷動。

但在這個深夜裡，周圍只剩我跟他，所以我想，讓他發洩一下情緒，應該沒關係吧！只見那位同事哀號了一陣子後說：「啊！這樣舒服多了。」接著我們就像沒事般的繼續工作。

如果員工能不必老是加班到深夜當然是最好的，但公司的型態與氛圍，本來就不可能在一朝一夕間改變。

所以當你壓力大到破表時，只要確定周圍沒有其他人，可以像我那位同事一樣，盡情大叫發洩一下也沒關係！

／不老實上班指南／

只有一個人時，讓自己縱情大叫一下抒壓，也是ＯＫ的啦！

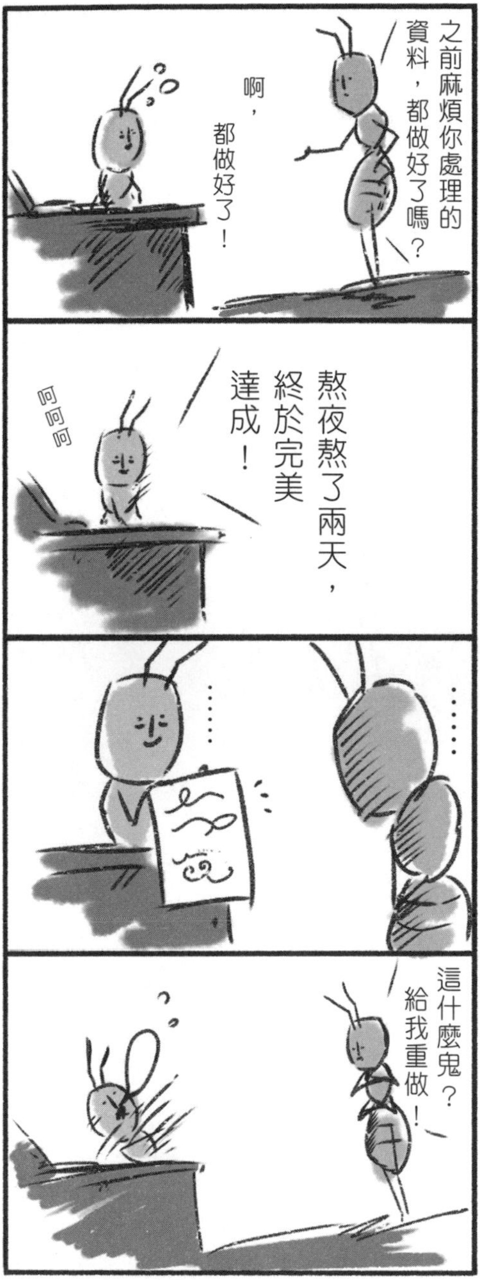

3

幫自己找一個安全補眠的空間

連續幾天熬夜加班，工作效率只會越來越糟，要改善這種狀況，還是得靠補眠，不論時間多短暫，只要能找機會小睡一下，體力就能稍微恢復。

為此，幫自己找一個能安全補眠的空間，是一件非常重要的事（被主管發現工作時偷睡覺，可是會被踹飛的）。

我以前曾把公司的資料倉庫，當成是我的補眠空間。因為那個房間，裝了會自動開關的感應燈，只要幾分鐘沒有動靜，所有的照明會自動關閉，是個很棒的休息空間。結果，某天主管為了找資料打開倉庫，被待在裡面的我嚇歪，從此之後，資料倉庫就成了管制進出的區域。儘管如此，我為了讓自己提高工作效率，而再次尋找能好好休息的空間和機會。所以，如果你能像我一樣找到一個不被發現的空間，請記得用來好好休息吧！

╱不老實上班指南╱

找一個只有自己知道的祕密基地，利用它來休息補眠吧！

4

理智斷線，加班加到HIGH起來

如果得知自己今天要加班，那一瞬間的心情會變得非常沮喪。如果加班的時間超過某個極限，人會忽然理智斷線，出現全然相反的情緒。「隨便啦，加班到幾點都沒差啦！」在這種自我放棄的狀況下，有時說不定會不自覺的嗨起來！

平常白天的辦公室，有許多主管與同事，比較吵雜；一旦到了深夜，卻一片冷清寂靜，讓人產生掉入另一個世界的錯覺。這時，沒有主管的視線，也少了讓人喘不過氣的緊張感，情緒也會因為不一樣的環境氣氛，而出現奇妙變化。

例如某個晚上，我和同期的同事一邊坐在公司高階主管的座位上，一邊嘴砲：「你看，如果是平常的話，一定會被主管踹飛的！」然後當我告訴他，辦公室有裝監視器時，他前一秒亢奮的情緒瞬間消失，然後臉色發白的恢復成平常冷靜工作的樣子。可見當人加班到深夜時，有時情緒會變得十分異常呢！

／不老實上班指南／

做一些怪異舉動抒解壓力雖然不錯，但請記得，舉頭三尺有監視器。

5

不是說小睡嗎？怎麼醒來已經是明天

我現在的工作內容，主要是畫漫畫跟插圖，基本上可以在家完成，理所當然的，我的身旁就是溫暖的床鋪（就連我正在完成這篇稿件的現在，也只要走兩步，就能抵達溫暖的被窩）。

因此，我常想：「告一段落了，先休息十分鐘吧！」但只要一鑽進被窩，再起床就已經是隔天早上了。

近期更是有變本加厲的傾向，想著要休息五分鐘，但身體卻不由自主的換上睡衣、刷牙，看起來就是一副要呼呼大睡一場的前奏。

雖然自己也知道這樣不太好，應該要盡量避免，不然隔天起床時，會有滿滿「插畫（工作）未完成的罪惡感」，但這個「睏」境，應該從人類誕生至今都一直存在吧？

想像一下，遠古時代的人類，跟我一樣被睡魔打敗，還沒做好狩獵的準備工作就去睡覺的話，那隔天一早迎接他的，肯定是餓死的命運。

只要這麼想，就覺得不是只有我被這個問題困擾，心情也會變得輕鬆一點。

／不老實上班指南＼

都已經睡過頭了，就不要浪費時間在罪惡感跟苛責自己上面吧！

第 4 章

「現在不是上班時間」這句話很難開口

1 我可以拒絕下班後的應酬嗎？

一大早開始，工作狀態就十分順利，正開心的想著「今天一定能準時下班吧」，沒想到卻收到前輩或主管的聚餐邀約。

當然，如果自己也想喝一杯，那肯定會是場愉悅的聚會時光；但有時會提不起勁跟人喝酒尬聊。其實你不用勉強自己參加，只要直白的回答：「不好意思，今天剛好有點事。」對方應該也不會硬揪說：「不行！你非去不可！」

最糟糕的回答方式就是：「再看看，如果時間ＯＫ的話再說。」因為對主動邀約的人而言，不知道你到底會不會來？究竟要不要算你一份？這種模擬兩可的回答，最讓人討厭。所以請記得用溫和有禮的態度，清楚回答你的意願，才能不得罪他人的邀約。

／不老實上班指南／

偶爾散發出自己爆忙的氣場，也能讓別人知道該不該邀你。

2

同事喝茫後，一直在嘴砲

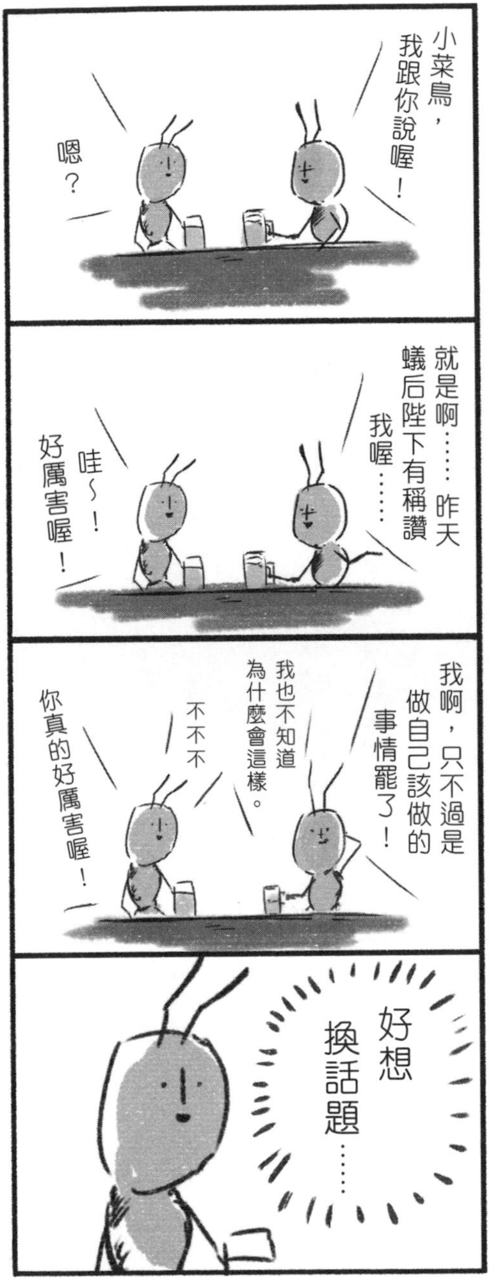

上一篇說過，其實不用勉強自己參加部分聚會應酬。但身為社會人士，難免會有無法避免的應酬場合。

尤其有些人在酒過三巡後，講話越來越大聲，且內容都是一些臭屁的吹噓。我曾經遇過一個主管，趁著酒意足足嘴砲了兩個多小時，我幾乎聽到快陷入彌留狀態了。

想趁著酒意吹噓一番是無妨，但至少要留意一下場合與對象。畢竟對著平輩或主管吹噓，頂多就是被他們吐槽：「誰想知道這些事啊！你這個自我感覺良好的傢伙！」

但當你的對象是新人或後輩時，他們一是顧慮你的面子，二是不好當面吐槽你，最後只能像個機器人一樣，跳針似的應和：「原來是這樣啊。」、「你真的好厲害喔。」

於是一場好好的聚會，瞬間被搞成嘴砲地獄個人秀。

雖說聚會是用來聯絡感情的，但是請切記，因為聚會而被人討厭的狀況也經常發生喔！

難得有機會一起喝一杯，請盡可能的讓與會者都開心、盡興。

／不老實上班指南／

對於已經喝醉、正在胡言亂語的人，只要左耳進、右耳出就好。

3

主管的好意，令人痛並快樂著

在餐會上，經常有前輩或主管說：「你這麼年輕，還可以多吃一點，這些都給你吧！」這句話真是讓人既開心又痛苦。最好的情況，當然是俐落爽快的回答：「謝謝，那我就不客氣囉！」然後像相撲力士般的大嚼特嚼，但現實往往十分殘酷。

因為參加有主管或前輩在場的餐會時，菜鳥總是得繃緊神經，以至於食不下咽；就算為了舒緩緊張感而喝一點酒，菜鳥仍沒什麼食慾。此時，如果主管說：「這些都讓你解決吧！」新人不妨就先「呵呵呵」的傻笑呼嚨過去，再伺機離開座位一下；如果可以的話，暫時躲到其他空位上也無妨。之後再回到自己的原位，主管大概已經忘記自己剛剛說過什麼了。反正公司又不是相撲選手訓練營，實在沒有必要勉強自己硬塞食物。

／不老實上班指南／

公司又不是相撲訓練營，沒有必要勉強自己硬塞食物。

4

當自我介紹變成一場表演……

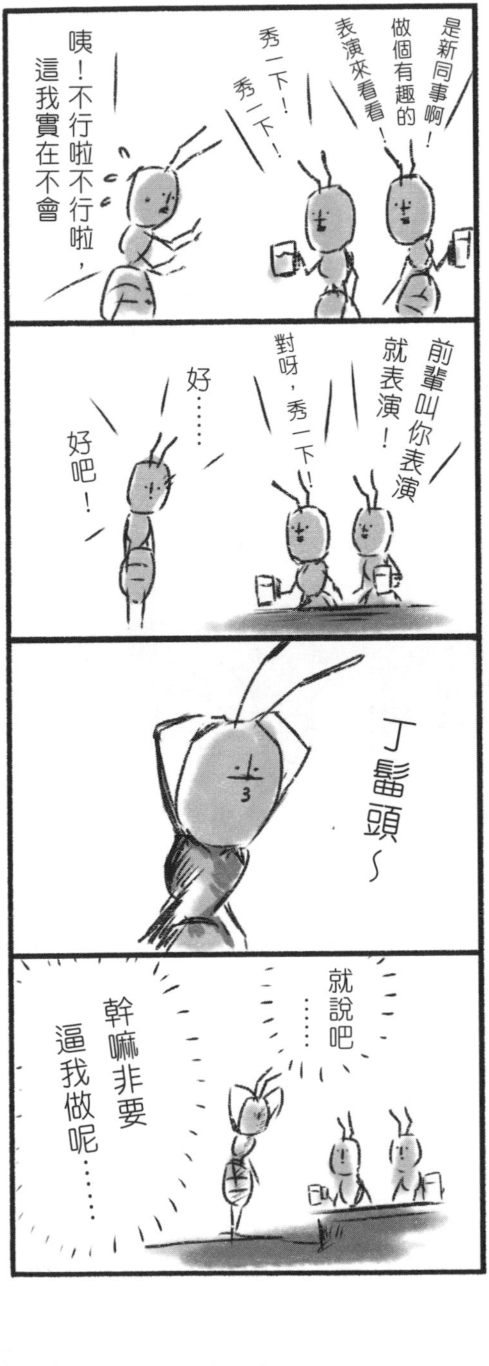

註：丁髷（按：音同屆）是日本西化前的傳統髮型，通常會將頭髮束於頭頂後方。

到了新環境，免不了自我介紹：「我叫做樹液太郎，興趣是研究昆蟲與看足球比賽。」一般來說，只要這樣簡單帶過就行了。但我剛出社會時就職的第一家公司，在新人歡迎會上，新人不只要自我介紹，還要秀一段才藝表演來娛樂大家。

忽然接到這樣的指示，我馬上搜尋一遍至今為止的人生，但實在沒有可以令人發笑的好哏，不得已，只能逼自己隨機應變，臨時想個橋段來應付過去。但是想哏哪有這麼簡單，我想著想著，腦子裡只剩下歡迎會上臺時讓人緊張、恐怖的畫面，以至於到活動當天前，我都還陷在失眠的惡夢中。現在想想，或許從資深員工的角度來看，這可能是個很有趣的餘興節目，但對於當時剛踏進公司的新人來說，根本就是地獄等級的要求。

在苦惱了許久之後，我終於決定要在歡迎會上表演魔術，直到活動前，我都還拚命的練習如何將牙籤變不見。終於到了歡迎會當天，我在後臺一邊緊張發抖一邊等著上臺。而第一個上臺的，是一個非常厲害的新人，他表演的內容是用肚皮跳舞搞笑，加上吃芥末壽司。在他表演完後，部長馬上罵一聲：「這太低級了，搞什麼啊？」於是取消表演橋段。接下來所有登場的人包括我，只要正常的自我介紹就好，此時，我看到隔壁一個打算表演用鼻子吃烏龍麵、再從嘴巴吐出來的新進同事，鬆一口氣的說：「得救了。」然後癱坐在椅子上。

不管有多不願意，要剛進公司的新人說：「我才不要表演。」實在是太難了，但是能像我一樣幸運逃過一劫的人，實在不多。所以到底該怎麼辦？其實我也沒什麼妥善應對的方法。只能勸大家，不妨找其他新人一起討論吧！可以找同期的新進同事們，彼此關照幫忙，盡可能不要獨自承受困擾與傷害。只要大家一起同心協力的度過難關，不只能培養出患難與共的同期情誼，三十年後回想起來，肯定會是個有趣的經驗與回憶。

／不老實上班指南／

找同期同事一起煩惱吧，盡可能不要獨自承受困擾與傷害。

5

什麼！還要去KTV續攤？

雖然不知道有多少人跟我一樣，但續攤續到去KTV唱歌，實在讓我非常困惑。退一步來說，要聚餐、要續攤都沒問題，用意本來就是為了跟同事們一起聯誼交流；但是去KTV續攤，就真的讓人無法理解了。

包廂裡這麼吵，根本沒辦法和旁邊的人好好說話，而且為了要炒熱氣氛，非得唱歌不可。在這樣的環境下，到底能交流什麼？KTV根本不適合人談話！

而且，像我這樣緊張起來不只手腳，連聲音都會發抖的人，要拿起麥克風唱歌，簡直就像參加音樂課的考試。如果真要說KTV有什麼優點的話，大概只有包廂內燈光昏暗，可以很容易摸黑消失，只要像忍者一樣躡手躡腳，就不會被發現。但是離開前，還是要記得向前輩們打聲招呼喔！

／不老實上班指南／

如果被逼去KTV參加續攤，就學忍者一樣找機會逃走吧！

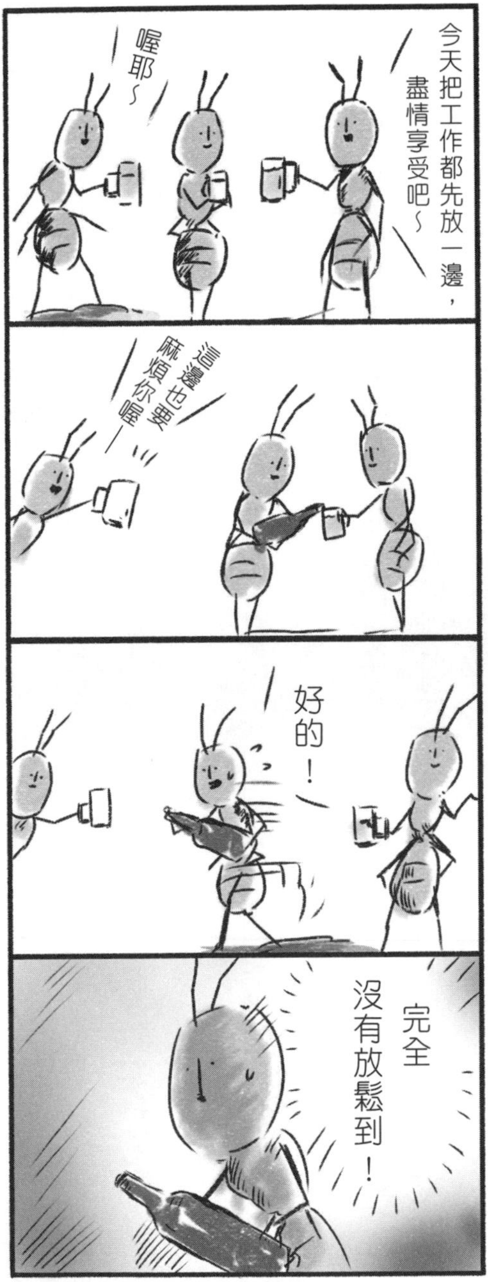

6

明明是慰勞員工的活動，卻完全沒有被慰勞

雖然主管說不要拘束，盡情放鬆，但在這個世界上，並不存在著「不分大小，都可以不按禮數，毫無顧忌行動」這種事。

我曾經看過一位喝醉的同事，因為在主管面前表演了一段低俗的搞笑橋段，隔天還為此向主管道歉賠罪。

之所以有這種下場，是那位同事真以為在公司慰勞員工的活動中，就能毫無顧忌、放肆狂歡。

但哪怕是單純的假日活動，不論是聚餐或烤肉活動，只要是公司舉辦的，都不能大意，只要失態走錯一步，就會淪落到得去道歉賠罪。

我曾經因為順利完成了某個大型專案，主管特別在休假日，邀請我到高級餐廳共進午餐以示慶祝。

但是在用餐過程中，我緊張到完全無法放鬆。直到我告訴自己，這場餐會可以拉近我與主管之間的距離，還能體驗到難得的美味料理，這才讓我從食不知味的緊張感中解脫，慢慢感受到其實這場餐會還不錯，也終於能品嘗料理的美味。

/ 不老實上班指南 /

為自己找到出席活動開心的理由！

7 收假失眠症候群

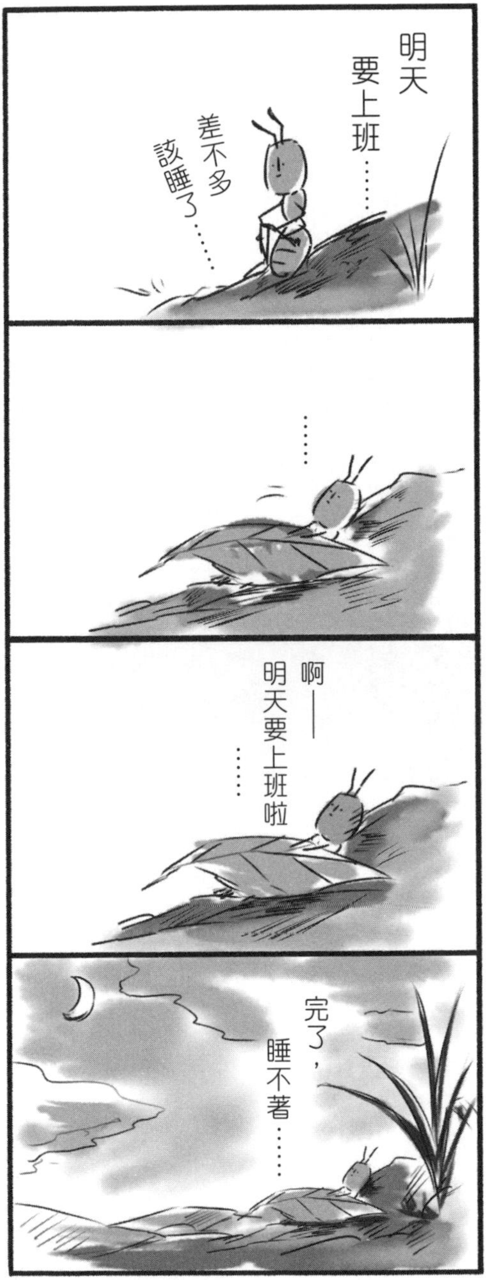

收假日晚上，只要一想到「明天又要上班了」、「又得跟那個討厭鬼見面，真煩啊」就會輾轉難眠，翻來覆去，直到深夜，這就是所謂的收假失眠症候群。

大概很少人會覺得「太棒了！明天要上班！」我身邊的人的大都是「唉，明天又要上班，煩死了」。在收假日無法安穩入睡時，應該要怎麼做才好？

我的方法是，盡量不去想這些事情。說白一點，就是自己在結束工作、踏出公司的那瞬間，自己與公司已經毫無瓜葛，這棟建築物也只是一座毫無關係的尋常大樓罷了，讓自己維持這種狀態直到收假前。

只要還沒進公司，我就會聽著自己喜歡的音樂或廣播，並且將所有工作的事情都拋諸腦後。而跟工作有關的事情，全都等到踏進公司後再來想就好，完全沒必要在休假中拿來困擾自己。

╱不老實上班指南╱

在踏進公司前，請把公司當成是毫無瓜葛的大樓吧！

8

耍廢耍到自我厭惡

休假前一天
太好了，明天放假～
早點起床出門去，好好享受休假日吧！
休假當天
嗯——今天要去哪裡好呢？
傍晚
嗯——
晚上
今天竟然什麼也沒做……

上班時，總想著放假要去哪裡走走、要約誰見面等，預先幻想了一堆讓人開心的休假計畫。但真正到了休假當天，常常會覺得不論要做什麼都好麻煩，等到終於願意離開被窩時，一看已經超過十一點了，再恍神一下，竟然就傍晚了，這種場景被我稱為「欲振乏力狀態」。

在欲振乏力狀態下，本人通常不會察覺，多半要等到休假日的夜晚來臨，才會冒出自我厭惡的驚人後座力，懊悔著：「難得的寶貴假日，竟然被我白白浪費，真是太不應該了！」

如果你也深陷在欲振乏力的狀態中，請試著原諒自己吧！畢竟事已至此，懊悔也無法挽救，哪怕有人對你昏迷了一整天而感到驚訝，也請坦然自若的表現出「蛤？這有什麼問題嗎？」用理所當然的強大氣場，來面對對方的質疑。

／不老實上班指南／

如果深陷在欲振乏力的狀態中，請試著原諒自己吧！

9 為什麼大家都在放假，只有我要加班？

如果你工作的地方是良心公司或幸福企業，請直接跳過這一篇。

剩下正在閱讀本篇的人，應該或多或少都有休假日必須得加班的經驗吧？在搭乘前往公司加班的電車上，不是空蕩蕩的沒什麼上班族，就是其他人一家和樂的打算去遊樂園玩。那些要出遊的人，各個帶著神采飛揚的笑容，但自己卻跟平常一樣面無表情，那種悲傷真的只有空虛、寂寞、覺得冷可以形容。

但是讓自己持續沉浸在沮喪的心情中也無濟於事，不如轉個念，想像一些假日加班的好處吧！例如假日加班時，來打擾的郵件或電話都很少，是個能專心解決之前落後，或無暇處理的工作的好時機。不要讓自己一直為了假日泡湯而難過，要找出假日加班的好處來安慰自己，重點是，雖然這次假日得來加班，但之後一定要挑一天來好好補休。

／不老實上班指南／

不用一直接電話與回郵件，假日加班的工作效率特別好！

10

休假時傳來地獄的鈴聲

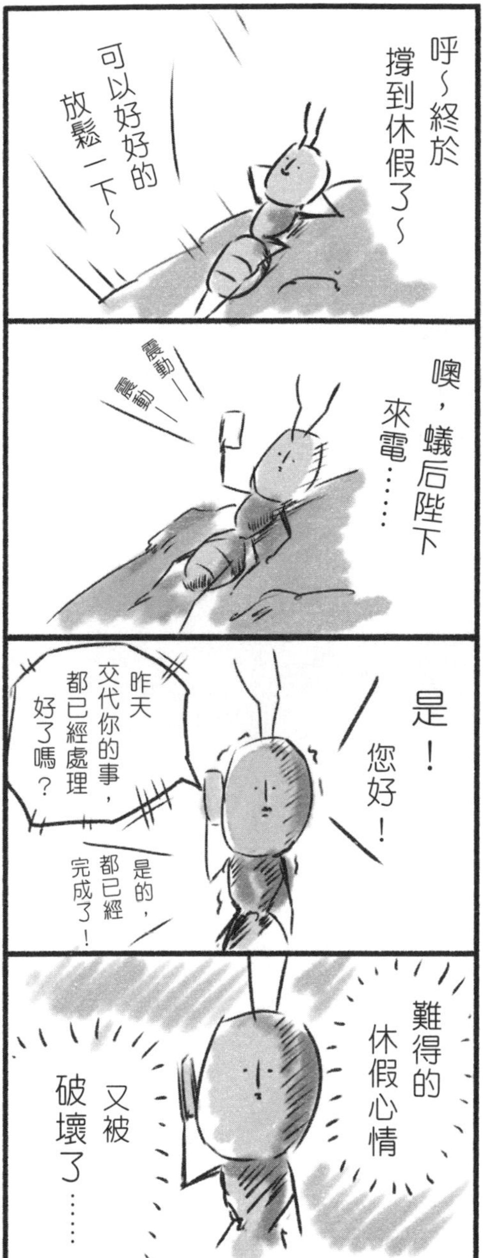

我每週都有兩天重要的休假日，只要在休假期間，都會把任何跟工作有關的事情拋到九霄雲外。

過去，我盡可能的讓自己在工作一結束、踏出公司的那瞬間，就把公司當成是一棟毫無瓜葛的建築物，切換成私生活型態，好讓我能充實的享受假日時光。

但有一件恐怖的事物，會把我從休假的私生活型態，瞬間拉回工作型態，那就是手機。

手機真的是一種非常可怕的工具，雖然用來聯繫親朋好友時，會覺得非常方便，但只要你把電話號碼留給公司的主管或客戶，那它就成為二十四小時把你跟公司銬在一起的刑具。

當然有人會說「不要給就好了啊」，但當公司主管問你手機號碼幾號時，你卻很難拒絕。如果回答「我沒有手機」、「手機剛好壞掉了」，萬一這些理由被主管發現，只會讓你更尷尬罷了，所以據實以告是唯一的選項。

不妨想像以下的場景：當你在愜意的休假日，腦袋放空看著電視時，忽然手機鈴聲響了起來，螢幕顯示出主管的名字，這根本就是在宣告假期結束！

原本你的姿態懶散，但在接電話的同時正襟危坐起來，這無意識中的姿勢改變，就是因為主管來電造成的緊張感所致；等你結束通話後，疲倦的感覺一湧而上，短短幾分鐘的電話彷彿度日如年。

哪怕故意不接電話，接下來的寧靜休假日，也會被「為什麼要打給我」、「是不是發生了什麼事要處理」等不安與疑問所困擾著，以至於就算在家也無法好好休息，只好乖乖回電。

我就有一次，趁著難得的假期與朋友相約前往遊樂園，我們忘卻工作，盡情狂歡，也順利拿到了晚上樂園遊行表演的座位券。

正當我覺得這一天十分完美、拿出手機想瀏覽照片時，竟然看到了來自公司的未接來電！

這瞬間把我從夢幻國度拉回冷酷現實，於是我只好暫時離開座位，走到稍微安靜一點的地方回電。我還記得那是個與客人有關的糾紛事件，那通電話足足講了約一個小時，而遊行表演就在主管的訓斥聲中結束了。

我至今都還記得，在我被罵的同時，抬頭所看見的美麗煙火。

／不老實上班指南／

在休假時，與其掛念工作而無法好好休息，不如儘早解決它。

11

住在公司旁邊？歡迎加入被召喚行列

住得離公司很近，是優點也是缺點。

優點是就算快到上班時間才離開家門，也完全來得及，而下班從公司回家也像瞬間移動一樣，咻一聲就到了。

這樣一來，就不用把時間都花在通勤上，可以運用的時間也會變得很多；但缺點就是，很容易一有事情，就被公司召回幫忙。

我過去曾一個人住在公司附近。下班後回到住處，正輕鬆愉快的看著電視，突然間接到主管來電，一瞬間還以為是自己做錯了什麼，或是出了什麼包讓公司陷入麻煩。

但是電話一接起來，竟然只是主管打來拜託：「不好意思，麻煩幫我把那些資料傳真過來。」

而且三不五時，主管就打來要我幫忙一些瑣事。

當時住在我隔壁房間的同期同事，也常常被要求處理這些雜事，所以常看他一邊怒吼：「這裡不是總機、總務或收發好嗎？」然後一邊跑回公司處理。

雖說不是每一家公司都會發生這樣的狀況，但是想住在公司附近的人，最好把這些因素都考慮進去比較好。

╱不老實上班指南╲

有優點就有缺點，凡事都是一體兩面的。

12

你放假，但客戶沒有

一般公司是週休二日，但有的公司是排班制或週間輪休。最麻煩的狀況，就是自己公司休假，但客戶正常上班，這樣一來，難免會要在假日幫客戶處理公務，尤其當你是對方公司的主要窗口，想要直接無視幾乎是不可能。

雖然也是可以在休假期間使命必達，來滿足客戶的需求。但我認為沒有必要做到這種程度，請理直氣壯的告訴客戶「我今天休假」吧！

／不老實上班指南／

不用勉強自己去配合對方！

13

年紀越大，能一起玩的朋友就越少

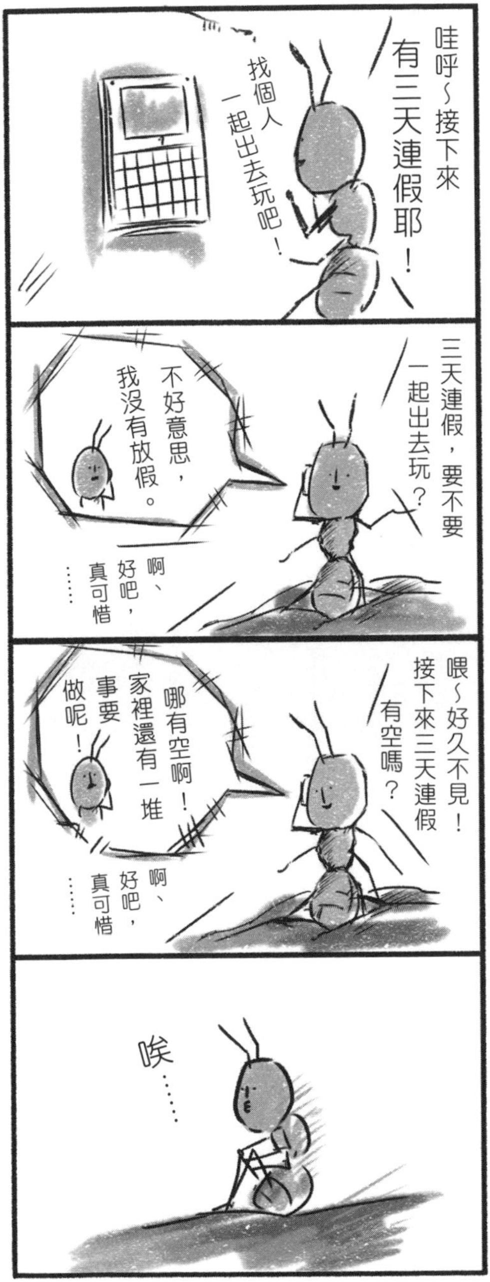

終於放假了，可以找誰一起去玩呢？

隨著年紀越來越大，隨叫隨到的朋友反而越變越少，他們總是有各式各樣的原因，例如放假時間不一樣、有家庭要照顧、有工作要處理，甚至因為工作的關係，離家到很遠的地方等。

我現在就是離家工作的人，因此能跟朋友們一起出門的機會就漸漸變少了。雖然如此，但也總不能自己孤零零的蹲在地上沮喪，所以請試著找出一個人也能玩得開心的事情吧！

我個人最推薦畫畫，要問為什麼的話，因為畫畫需要花費大量的時間，才能畫出漂亮的作品，所以空閒時間越長越好。

在我大學的暑假時，曾因為完全沒有任何假期計畫，而擔心接下來的假期只是無所事事的睡覺。因此，我最後決定利用這段閒到發慌的時間，拿色鉛筆在超大張的白紙上，一筆筆的畫。眼看有這麼多時間可以拿來仔細描繪，哪怕畫壞或畫錯，頂多就是擦掉重來，時間多的是。

終於在暑假結束前，這幅打發我暑假無聊時間所繪製的作品也完成了。後來在偶然間看到有繪畫比賽，於是我就把這幅作品送去參賽，沒想到竟然還因此獲得優勝。

不論在任何領域，時間通常都是最好的武器。從運動到學習等，都要投注自己的時間，才能獲得成果。與其擔心空閒時間找不到人一起玩，不如轉念去挖掘有趣的事來打發時間，這樣一來，空下來的時間也不會覺得無聊，反而會變得讓人期待，不是嗎？

／不老實上班指南／

把閒暇時間拿來磨練自己的技能。

第 5 章

為什麼
我們一定要工作？

1

難道這輩子，我只能待在這家公司嗎？

每天重複從早到晚辛勤的工作，有時也會忽然感到困惑：「難道我真要在這裡工作一輩子嗎？」

通常會有這種想法的人，大都是工作進度卡關或是進展不順利時，再不然就是感受不到工作的意義與成就感。

如果是前者，一般來說只要獲得一點工作上的成績，心情就會隨之改變，不妨耐著性子等待開花結果。但如果是開始質疑工作的意義與價值，這個問題就比較難解了。

我認為，當我們在職場工作時，不論工作中有哪個環節，只要還能產生一點點愉快的心情，那問題就不大。

但如果只剩下痛苦，找不到任何開心的地方，那其實不用勉強自己，可以試著考慮換個跑道。

這時，要先完整的分析，看看自己與現職有哪些地方是不合適的，只要對現狀能有完整的理解，就能降低在下一家公司重蹈覆轍的可能。

如果真的要換工作，也請不要給自己太大的壓力，從現在就試著搜尋看看，有哪些公司與自己的個性是較相容的！

不老實上班指南

考慮換工作絕對不是什麼壞事。

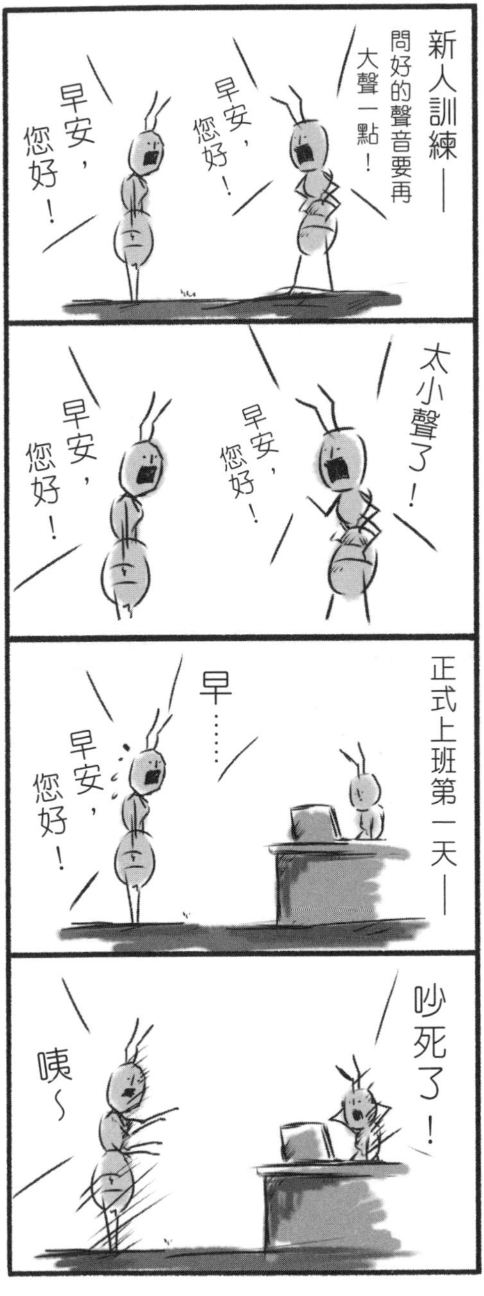

2

新人訓練是為了收拾學生時的散漫

許多日本企業在招募應屆畢業的新鮮人進入公司時，會特別為新人開設專門的教育訓練課程，讓剛踏入社會的新鮮人，能學習到基本的商業禮儀與上班族必備技能。

我在剛出社會時，曾任職一家十分講究應對禮儀的公司。該公司在新人教育訓練的課程中，從服裝儀容到鞠躬的角度等，都有十分嚴格的規範。就連問候的方式與聲量，都有一定的標準。

我和其他新人每天從早到晚認真的反覆練習，如果練習時音量不符合規定的標準，甚至還得留下來加強訓練，直到練好才能回家。

等到終於結束了新人訓練的課程，就在我正式分發到單位上的第一天，我依照訓練課程所要求的標準，大聲的向主管與同事們問好，沒想到馬上被主管臭罵：「吵死了！這麼大聲幹嘛，用普通音量說話就好了！」此時我不禁疑惑，那整整一週的新人教育訓練，到底是在教什麼？

當然，之後我也漸漸明白，這些教育訓練課程，並不是真的要教新人問好或打招呼的方式，只是想藉由訓練過程，讓我們收拾學生時代的散漫氣息。但是當我被主管大吼：「吵死了！」那一瞬間，還是感到十分震驚。

／不老實上班指南／

每個課程背後所隱含的意義，通常不會是表面上所看到的樣子。

3

我想要什麼？我也不知道

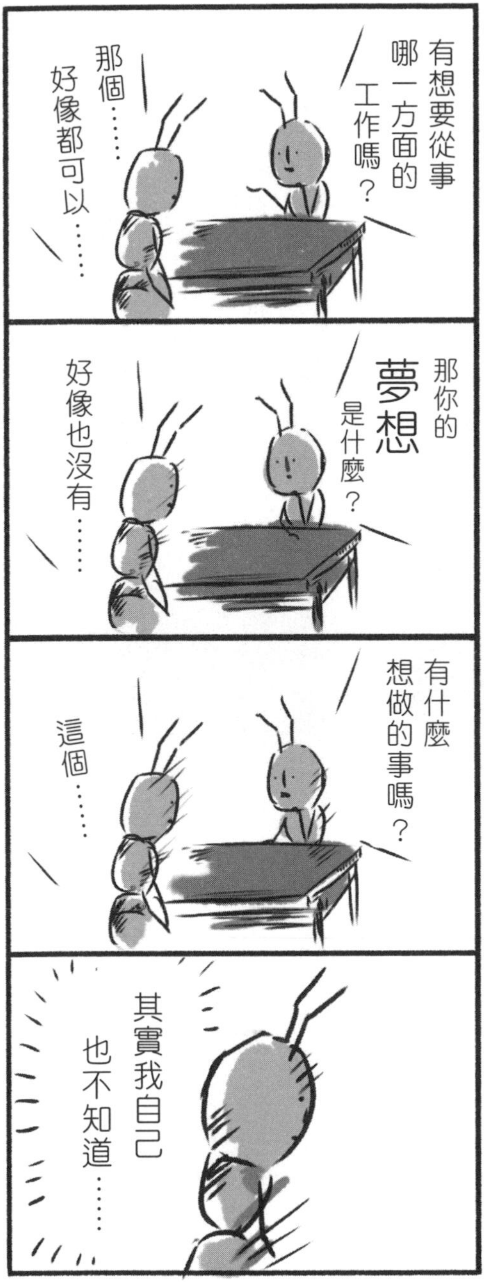

我們經常聽到有人會說：「我討厭現在的工作，但也不知道自己真正想做的到底是什麼？」

如果你也是屬於這類型的人，不妨回想一下，自己休假閒暇的時候，通常都在做些什麼？

在前面有提過，我在學生時期的暑假，由於沒有任何與朋友出去玩，或是去哪邊走走看看的行程與計畫，以至於整個人從早到晚都與床鋪融合在一起，不停的昏睡。

直到某天，我睡膩了，也覺得自己睡覺時間多的誇張，我才開始爬起來畫畫。而在畫畫的過程中，我慢慢感覺到，自己其實是喜歡畫漫畫與插圖的。

所以在休假閒暇時，不管你是去健身房運動、看電影，或讀本書等，那些看似在打發時間的行為，其實背後都有一個重要的暗示，那就是「這些都是你會感興趣的事」。

所以，如果你喜歡電影，那或許你可以從拍電影（如導演）、演電影（如演員）、製作電影（如剪接）、銷售或宣傳電影（如宣傳或行銷），在這些種種的工作類型中，挑一個自己最感興趣的來嘗試吧！

／不老實上班指南／

從自己閒暇時的行為，挖掘自己感興趣的領域。

4

大家看起來能力都超強！

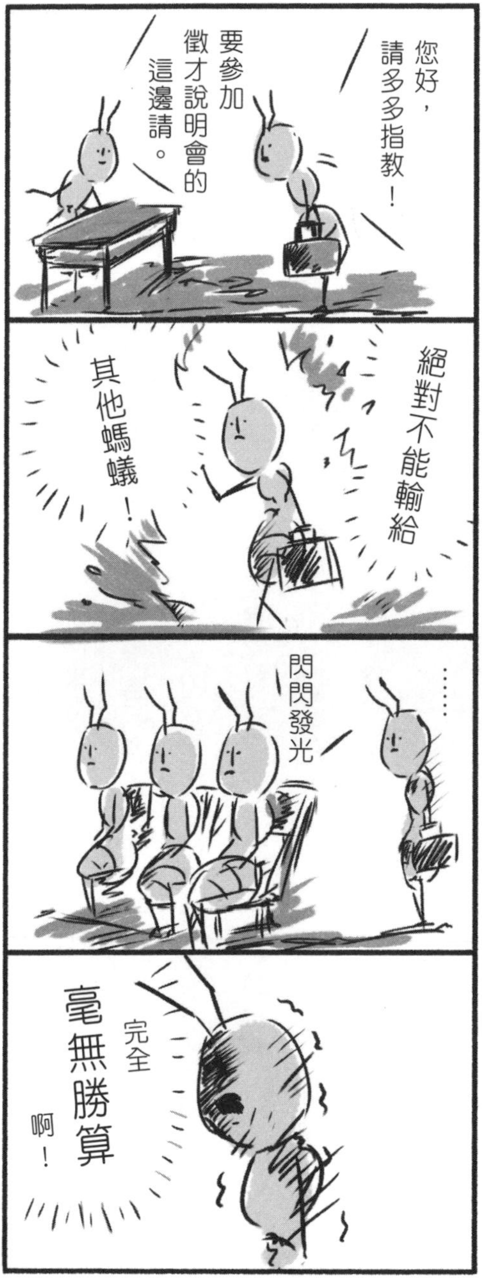

我們在企業徵才說明會或換工作的面試場合中，常會看見滿坑滿谷的競爭者，而且這些人各個看起來好像都比自己來得厲害。

當這些競爭者真正出現在眼前時，很容易讓人產生「我應該沒有勝算了」這種洩氣的想法，但其實不需要太過擔心，因為他們心裡可能也是這樣想的，畢竟就算穿著同樣的正式套裝，我們還是會覺得旁邊那個人的衣服比較搶眼。

所以不用把心思花在這件事情上面，只要在主考官面前真實的展現自己，拿出自己真誠的性格與真才實學，應該就能找到與自己氣味相投的公司。

／不老實上班指南＼

你覺得對方閃閃發光，對方也覺得你很耀眼，所以不用害怕。

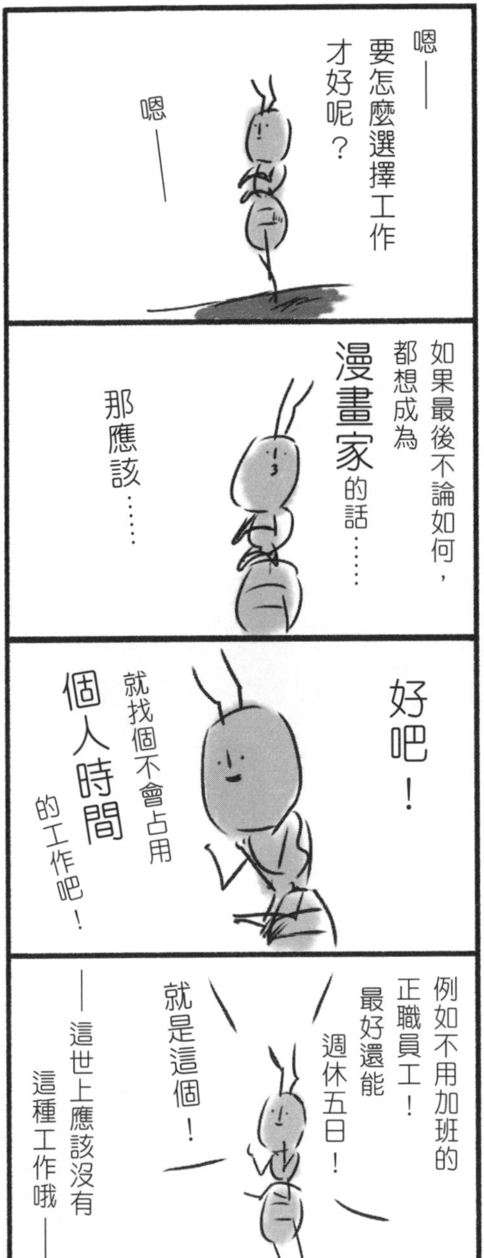

5

換跑道難不難？要先知道你絕不妥協的條件

我待過十人以下的小型公司，也待過千人以上的大型企業，對於換跑道這件事，我相信每個人都有各自的理由。

對我來說，每次換工作的動機都只有一個，那就是讓自己更接近目標一些。我的目標是成為插畫家，我必須保有個人的創作空間，所以不能太常加班。此外，我也想在工作中學到插畫家的工作模式。

因此，我在找工作時，設置兩個絕不能妥協的條件：「不用常加班」跟「在公司內有從事插畫工作的員工」。我在找新工作或職位時，因目標明確，所以能尋找不用放棄夢想的工作方式。

我想，只要確實了解自己絕對不能妥協的條件，就能找到比較接近自己需求的工作。

／不老實上班指南／

要確實了解自己有哪些條件是不能妥協的。

啊——
好想換工作啊！
但根本沒時間
準備……
到底……
要什麼時候，
才有空來找
新工作呢？
這週好忙
這個月也好忙，
下個月也很忙
……
明年應該
還是很忙！
這樣的話、
到底……
要什麼時候才能
順利換工作……

6

想換工作？先存錢

每天從清晨一路忙到深夜，就連假日都還得加班，這樣怎麼會有時間準備換工作？我曾經深陷在這樣的狀態中。

老實說，這也不是沒有好處，畢竟忙到連假日都沒有，在沒有時間花錢的情況下，確實可以存下不少錢。

因為我在這種環境待了兩年，存下的積蓄，讓我就算短時間內不工作，也足夠支撐生活開銷。所以我乾脆展開「超大型連休」，離開原本的公司，靠著這筆積蓄，讓自己專心一意的尋找下一份工作。所以不要用太忙當藉口，就算真的忙到不行，也能切換成「在忙碌中求生」的作戰方式！

當你有想換工作的念頭時，請開始努力存錢吧！只要有短時間內夠用的存款，就能讓自己在換工作時，時間上比較充裕，也能不害怕空窗期的生活開銷。

／不老實上班指南／

忙到沒時間時，就切換成「在忙碌中求生」的作戰方式！

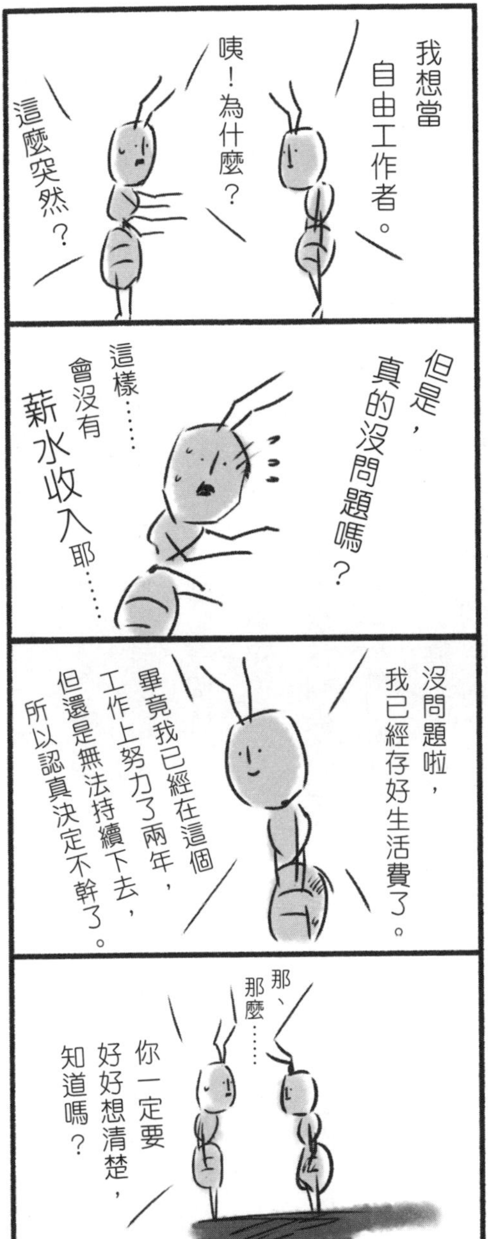

7 向家人清楚說明自己的打算吧

在日文中，有個流行語叫「老婆的BLOCK」，意思是指已婚的男性想要換工作或創業自立門戶時，卻遭受到老婆大人的強力阻止（BLOCK）。

不知該說幸運還是不幸？我目前單身，所以沒有經歷老婆BLOCK的狀況。

但是當我告訴爸媽，我打算辭職當一個自由工作者時，心裡還是不免有些忐忑：「萬一他們反對的話，該怎麼辦才好？」

其實大部分的人，心中總是期望能得到家人的支持。但哪怕得不到認同，決定換工作或創業自立門戶，也都是自己的自由與選擇。

或許在說服家人時，給自己設定一個期限，會是簡單易懂的溝通方法。

我當時直接告訴他們，我還有多少存款，並且承諾如果未來兩年內，我當自由工作者的收入，無法養活自己，我就會放棄這條路，再回到公司上班，進而爭取獲得爸媽的認同。

記得在溝通時，不要只單單告訴對方「我有多想做這件事」，還要一併說明自己的規劃與安排，如此一來，會比較容易獲得家人和親友的理解。

／不老實上班指南／

設定期限與展現熱情，都是贏取認同的好方法。

8 怎麼和進公司前說的都不一樣！

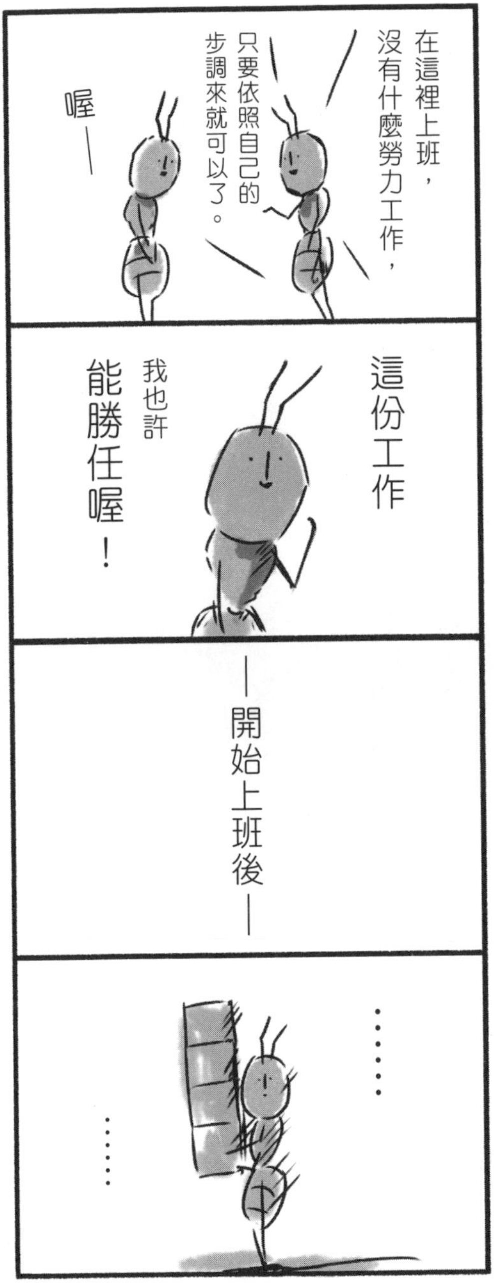

雖然公司在人力銀行網站上寫著「可以正常休假」、「工作氣氛和諧融洽，充滿歡笑」，但等實際報到後，才發現很難申請休假、職場氛圍恐怖得像地獄，這種例子屢見不鮮，我也遇過類似的狀況。

那家公司雖然沒有像地獄般水深火熱的工作氣氛，但報到後才發現公司給的休假日，竟比應徵時約定的還少了許多，我甚至還聽過有前輩三百六十五天全年無休的出勤上班。

我和其他剛進公司的菜鳥們，面對公司前後不一的說詞，簡直驚呆了。從此之後，「這間公司是不是怪怪的？」變成我們這些同期入社的菜鳥們，在午餐時的閒聊話題之一。

但菜鳥畢竟只是菜鳥，不論怎麼抱怨也無法改變公司的現況，所以大家心裡都暗自盤算，哪天一定要離開這間公司，在此之前，暫時把這裡當成是累積資金的地方先待著，根本不打算在這裡長久待下去。雖然我們當初都抱著「終生效命」的理想進入公司，但完全不能放假，這也太慘了吧！

甚至後來我經過多方打聽，發現這家公司的離職率，遠比我們之前聽到的都還要高出許多，也就是說，在進公司之前，公司告訴我們的所有資訊，幾乎完全沒有參考價值。

所以，進到一家新的公司之後，如果遇到自己無法接受的狀況，請不要勉強自己去無止境的配合公司，並且記得把換工作列入未來的選項之一！不然一直勉強自己，很可能會就此把身心搞壞。

為了避免發生類似的情況，在找工作或換工作前，也請澈底調查要前往應徵的公司。哪怕是離職率或加班狀況等資訊，雖然要開口向別人打探並不容易，但畢竟是未來會與自己密切相關的內容，所以無論如何，請鼓起勇氣想辦法獲得正確的資訊，就能降低踩到地雷的可能。

／不老實上班指南／

不要勉強自己無止境的配合公司。

第 6 章

當了自由工作者之後，才知道的事

1

一整天埋頭工作，忘了自己的聲音

我成為獨自一人繭居在家的自由工作者之後，經常整天埋頭在工作中，直到傍晚才忽然驚覺，自己好像整天都沒跟任何人說到半句話。

有時候，我甚至會為了確認自己的喉嚨還能不能發出聲音，而張開嘴巴「啊──」一下。

面對這種狀況，我建議養寵物，個人尤其推薦養青蛙。

雖然我真的很想說「就養昆蟲吧」，但昆蟲跟人類實在太難交流情感了，以至於養到最後只剩下給飼料。

獨角仙的幼蟲成天躲在土裡，鍬型蟲也整天窩在木料中，連要讓牠們露臉都很難，還能交流什麼啦！

但青蛙就不一樣了，只要用鑷子夾起飼料，牠就會開心的跳過來，讓人產生彷彿能互動交流的錯覺。

在餵食的時候，我常會不自覺說出：「你看看這是什麼？快過來吃飯喔！」當牠認真進食的時候，也會忍不住的驚呼：「哇！在吃了，在吃了！」讓人能感覺到其他生物的存在，或許也會因此振作一下精神。

順道一提，我所飼養的青蛙是日本特有種的樹蛙。

＼不老實上班指南／

其實只要對飼主有反應的寵物，都很推薦啦！

2

人生有時要有一股衝勁

自由工作者初期會遇到的狀況，就是接不到案子。

雖然我想要成為以畫畫為生的插畫家，但一開始完全不知道該怎麼做，才能達成這個願望，所以我只好每天拚命的畫，先想辦法增進自己的繪畫能力。但不論我再怎麼精進自己的繪畫能力，只要別人看不到這些作品，一切就毫無意義，所以我緊接著規劃舉辦個展，讓大家能有機會來看看我的畫作。

當然，在個展舉辦期間，有許多認識的親朋好友們來捧場，甚至也給了不少誇獎，讓我一度以為這場個展辦得還算成功，但是在委託繪製插畫的工作邀約上卻毫無進展。

現在想想，會有這種結果似乎也不意外，畢竟只是舉辦一個創作展讓親友團來看看，大家頂多就是稱讚幾句「畫得很不錯」，對工作上的幫助實在有限。

我馬上理解到這種做法可能行不通，應該要走出去讓更多親友團以外的人看見我的作品才行，因此我決定參加能匯聚人潮的插畫市集。儘管三天活動要花上將近五萬日圓（大約新臺幣一萬三千多元）的參加費用，但我還是把它當成「初期投資資金」，狠下心來忍痛付了這筆錢。

雖然確實因此接到幾次插畫工作的委託，但沒想到這些案子的全部酬勞只有八千日圓（大約新臺幣兩千多元），考慮到我手邊的存款不多，如果每次都這麼大手筆花錢，卻只有一點點報酬，那收支很快就會出現赤字。

這逼得我開始思考「有沒有不花錢，卻能讓別人看到我的插畫作品」的辦法，然後也打了幾通電話向出版社自我推薦，但對方總是說：「可以將插畫作品寄來給我們參考喔！」之後卻連碰面的機會都沒有。

就這麼累積了一些與出版社交手的經驗後，我決定再挑戰一次，從自己平常就會參加的昆蟲活動下手，向主辦單位爭取設計傳單的機會。

但主辦活動的公司與出版社不同，並沒有公開的聯絡方式。但我想：「管他的，不試試看怎麼知道？」就衝到會場，直接問會場的工作人員：「請問活動主辦單位的負責人是哪一位？」再進一步爭取與他對話的機會。當下我毫不考慮就直接問：「請問有沒有插畫類型的工作，可以讓我來幫忙？」我在努力說明後，終於獲得對方的認可，對方答應讓我承接設計宣傳單的工作，每半年一次，每次酬勞是一萬日圓（大約新臺幣兩千七百多元）。

只要有過一次努力抓住工作機會的經驗，之後的自我推銷也會越來越得心應手，畢竟能接到案子，代表被大眾認可為專業工作者。所以請抱著義無反顧的心情，努力向別人推薦自己吧，說不定對方願意聽你提案的意願，比你想像中還要來得高！

／不老實上班指南／

請抱著義無反顧的心情，努力向別人推薦自己吧！

3

自由過頭，成了無業遊民！

一般人對自由工作者的想像，通常都是「不用每天去公司上班，真棒」。其實，當我還是個上班族時，我自己也是這麼想的。

上班族的生活很規律，多半都是早上七點左右起床，九點到公司上班，晚上可能要加班到八、九點，而每週應該可以休息兩天；相對的，自由工作者的生活，不僅可以自己決定起床時間、工作結束的時間，甚至連休假日都是自己決定，怎麼看都是最棒的生活模式。

但在我真正成為自由工作者以後，我才知道自由工作者的生活，並沒有看起來的這麼輕鬆。

為什麼呢？因為只要一不小心，轉眼就可能會變成無業遊民。

如果是非常暢銷的插畫家那另當別論，但對於我這樣的自由工作者來說，只要偷懶沒有認真工作，收入就等於是零。所以對我而言，自由工作者與無業遊民之間，幾乎只是一線之隔罷了。

因此，自由工作者要管理好自己，特別注意在該工作的時候，就要認真工作，而在該休息的時候，就要好好休息，這些都是自由工作者必須透過自我要求而做到的。

/不老實上班指南/

抱持著失業的危機感，好好管理自己吧！

4

完了，截稿日到，要開天窗了

小時候總會聽見漫畫家或插畫家在受訪時提到「死定了，截稿日快到了」，每次聽見這樣的說法，我都會兩眼發亮，對此羨慕不已。因為這對小時候的我來說，幾乎就是暢銷作家的證明。

沒想到，現在的我也常把「死定了，截稿日快到了」掛在嘴邊，但是請別誤會，這跟是不是暢銷作家根本一點關係都沒有。

就算不是暢銷作家，截稿日也是非常可怕的日子！為什麼我會這樣說？例如我在接到一件「下個月前，請提交五十幅插圖」的委託案時，心裡就會盤算著「這樣算起來，一天只要畫不到兩幅就可以了，時間似乎很充裕」，然後安心的接下這個案子。

但之後如果沒有辦法控管好自己的工作進度，很可能直到交稿的前一週，進度仍大幅落後，最後只得排開其他的事情、減少睡眠時間，強迫自己把之前落後的進度給趕上，就像是到了最後一刻才開始寫暑假作業的學生一般。

雖然一樣都是嚷嚷著「截稿日啊」，但我是因為沒有掌控好進度，跟那些小時候我所嚮往的暢銷作家們，可說是天差地遠。希望有一天，我也能像這些嚴格自我管理的作家前輩們一樣，可以帥氣的說著「截稿日啊」。

／不老實上班指南／

請按部就班，遵守截稿期限吧！

5

離開公司，名片要更體面

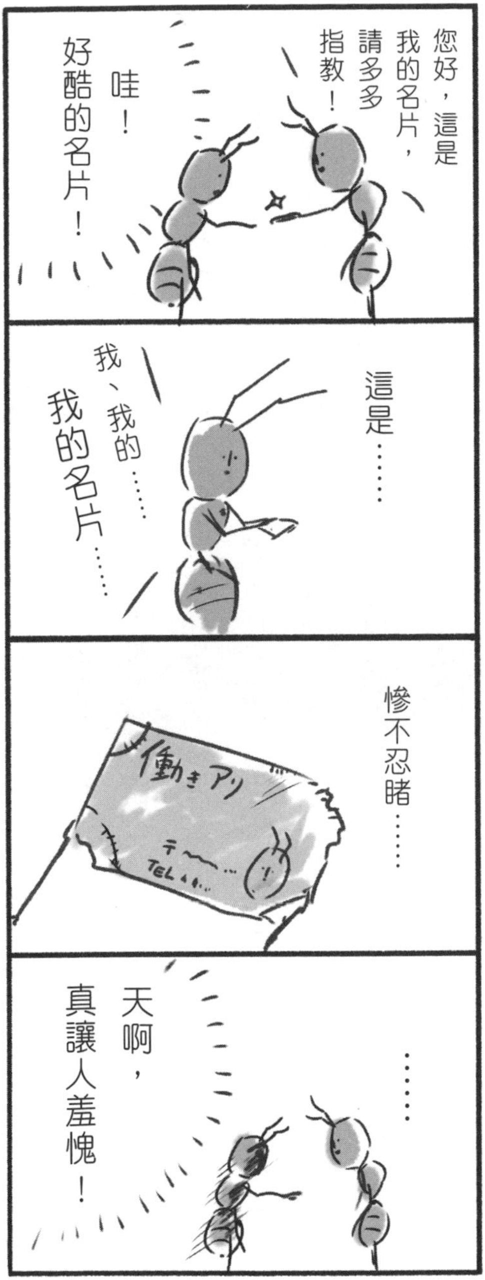

在成為自由工作者之後，因為沒有公司所提供的制式名片可以用，因此我決定自己設計名片。又因為不想在名片上面花太多錢，所以只簡單用家裡的印表機印一印。以前要去拜訪業主時，我隨手將幾張名片放在口袋裡就出門了。

沒想到原本自信滿滿的要向業主介紹自己，但在雙方交換名片後，我忽然驚覺自己的名片紙質很薄又沒質感，而且看起來超不起眼；手上拿著對方那張厚實又有設計感的名片，幾乎讓我無地自容，羞愧得想放聲大叫。

更慘的是，這只是我當天預計好要見面名單中的第一家廠商，之後每拜訪一家、交換一次名片，我就像遭受一次最痛的重擊一般，才只到第三家，我就已經呈現瀕死狀態了。

自由工作者原本就必須自己面對業主來洽談案件，如果在交換名片的第一局，就吃了一個大敗仗，哪怕之後對方提出「這個案子先免費幫我做吧？」這樣離譜的要求，自己大概也只能硬著頭皮說：「好吧，那也只好先這樣子了。」

為了避免讓自己陷入這樣的窘境，自由工作者與業主在第一次見面時，拿出像樣一點的名片，不僅能讓自己更從容的面對協商與談判，也不會在一開始就輸給自己的恐懼（而我現在也努力的設計出讓人眼睛一亮的名片）。

／不老實上班指南／

名片就是自己的顏面，請認真對待！

6

跟客戶議價前，先理出自己的報價表

自由工作者的另一個難題，就是與業主議價。儘管我在學生時代，就常被拜託幫忙畫插畫或漫畫，但這些通常都是沒有酬勞、純粹義務幫忙的白工。

離開上班族的身分，成為獨立接案的自由工作者後，雖然我也參考了一些《第一次當插畫家就上手》之類的書，甚至在網路上搜尋其他作者一張插圖收多少錢的報價資訊等，但是要為自己的作品來定價，真的很不容易。

我曾經以「一張圖一千日圓」（大約新臺幣兩百七十六元）的代價，接受了一件插畫委託案，但是後來發現，這張圖竟然要花我五個小時才能完成，換句話說，這件工作的時薪換算起來只有兩百日圓（大約新臺幣五十五元）。

這時我才醒悟，如果繼續這樣下去，很可能會無法養活自己，所以擬定一份符合自己需求又合理的報價表，刻不容緩。

首先，我得預先評估各個類型的案件委託，大概會花掉我多少時間，再依此決定我應該收取的酬勞下限是多少。

這麼一來，如果之後遇到委託案件比自己預先評估的報價酬勞還要低，就可以委婉的回答對方：「關於這件案子，我可能得考慮一下，容我之後再回覆您。」這樣一來，就能避免自己把寶貴的時間，耗費在那些報酬低得可憐的案件上，而能有更多空檔去找一些讓自己開心的案子。

如果不預先評估，幫自己確定一個合理的價格，之後因為人情壓力，而接下酬勞低得可憐的合作案，當案件進行到一半時，會陷入想要求提高酬勞，卻又開不了口的窘境，再不然就是因為價格太低，交出品質不佳的作品，結果卻反而影響了自己的評價與聲譽。

當然，並不是說所有案件的拒絕與否，都要用價格來考量。

如果案件委託本身具有特殊意義，或可以帶來發展，那就有必要承接。

如果遇上業主報價比自己預期的還少，但這個案子是自己非常想要嘗試的內容，或對自己的未來成長有幫助，這時當然不該猶豫，應該要勇敢接受挑戰！

但老實說，我直到現在，還是非常不擅長與業主議價，所以在交涉時，我通常會以「有沒有做的價值」、「價格符不符合期待」，來作為判斷基礎，這應該也是一種議價方式吧！

＼不老實上班指南／

如果是自己想嘗試，或是對成長有幫助，就該接受挑戰。

後記　別想了，來睡覺吧

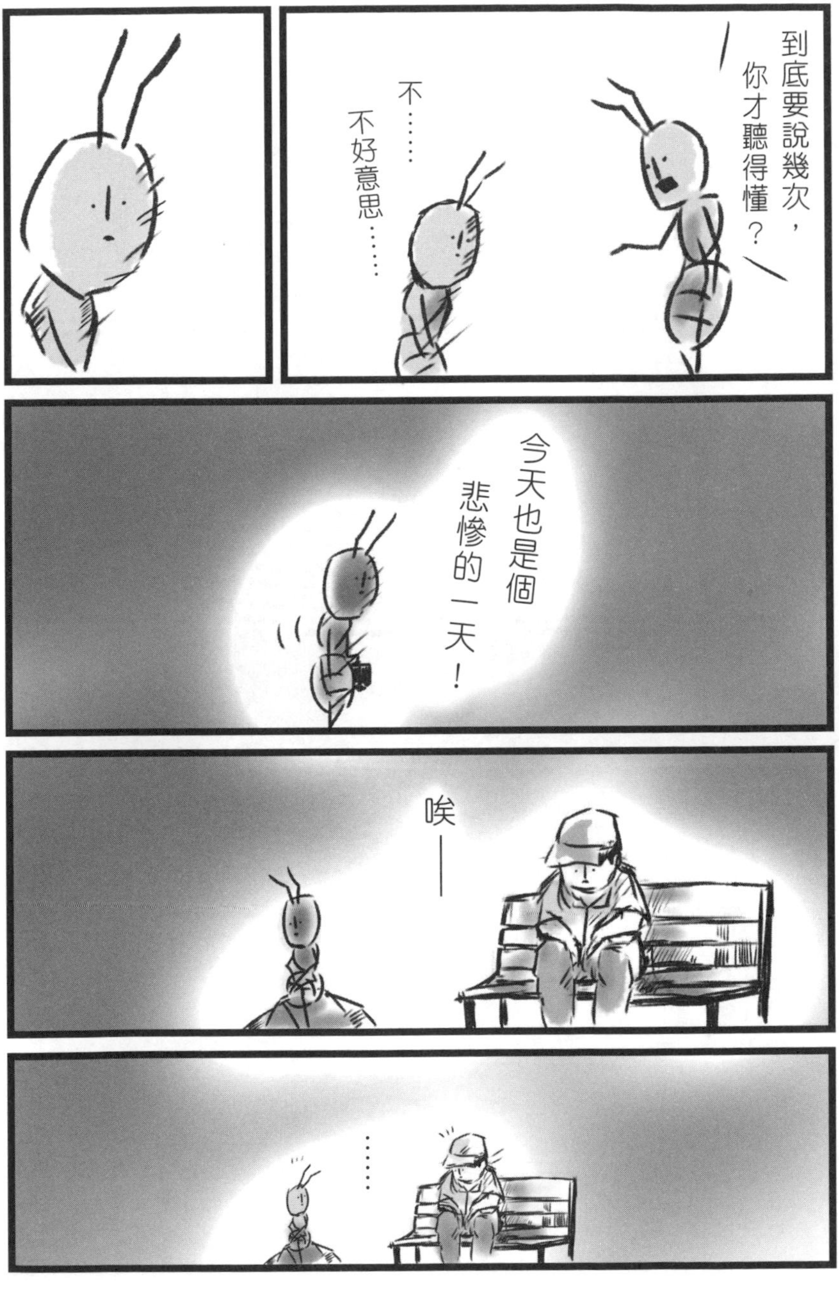

那隻螞蟻……好像出了什麼大包？
那個人類……好像也出了什麼大包？
算了，轉換一下心情吧！
都已經下班了！
就別再想工作的事情了，
來睡覺吧！

國家圖書館出版品預行編目（CIP）資料

老實上班，你會憂鬱到睡不著：成功人士說不出口的「變優秀」方法，讓你輕鬆面對每個工作天／樹液太郎著；方嘉鈴譯.
--初版, -- 臺北市：大是文化，2020.07
240頁；14.8×21公分. --（Style；40）
譯自：正直、仕事のこと考えると憂鬱すぎて眠れない。
ISBN 978-957-9654-86-9（平裝）

1. 職場成功法　2. 生活指導

494.35　109005049

Style 040

老實上班，你會憂鬱到睡不著

成功人士說不出口的「變優秀」方法，讓你輕鬆面對每個工作天

作　　者／樹液太郎
譯　　者／方嘉鈴
責任編輯／林盈廷
校對編輯／陳竑悳
美術編輯／張皓婷
副　主　編／馬祥芬
副總編輯／顏惠君
總　編　輯／吳依瑋
發　行　人／徐仲秋
會　　計／林妙燕、陳嬅娟
版權經理／郝麗珍
版權專員／劉宗德
行銷企劃／徐千晴、周以婷
業務助理／王德渝
業務專員／馬絮盈
業務經理／林裕安
總　經　理／陳絜吾

出　版　者／大是文化有限公司
臺北市100衡陽路7號8樓
編輯部電話：（02）23757911
讀者服務／購書相關資訊請洽：（02）23757911　分機122
24小時讀者服務傳真：（02）23756999
讀者服務E-mail: haom@ms28.hinet.net
郵政劃撥帳號／19983366　　戶名：大是文化有限公司

法律顧問／永然聯合法律事務所
香港發行／豐達出版發行有限公司 "Rich Publishing & Distribut Ltd"
地址：香港柴灣永泰道70號柴灣工業城帝2期1805室
Unit 1805, Ph. 2, Chai Wan Ind City, 70 Wing Tai Rd, Chai Wan, Hong Kong
電話：21726513　　傳真：21724355
E-mail：cary@subseasy.com.hk

封面設計／林雯瑛
內頁排版／黃淑華
印　　刷／鴻霖印刷傳媒股份有限公司

2020年7月初版
ISBN 978-957-9654-86-9
Printed in Taiwan
定價／新臺幣340元
（缺頁或裝訂錯誤的書，請寄回更換）